乡村振兴·农民教育培训系列教材

专业农机手

万剑冰　任俊林　赵铁军　主编

中国农业科学技术出版社

图书在版编目（CIP）数据

专业农机手／万剑冰，任俊林，赵铁军主编 . --北京：中国农业科学技术出版社，2023.9

ISBN 978-7-5116-6397-9

Ⅰ . ①专…　Ⅱ . ①万…②任…③赵…　Ⅲ . ①农业机械-驾驶术　Ⅳ . ①S22

中国国家版本馆 CIP 数据核字（2023）第 156756 号

责任编辑　施睿佳　姚　欢
责任校对　贾若妍　李向荣
责任印制　姜义伟　王思文

出 版 者　中国农业科学技术出版社
　　　　　北京市中关村南大街 12 号　　邮编：100081
电　　话　（010）82106631（编辑室）　　（010）82109702（发行部）
　　　　　（010）82109709（读者服务部）
网　　址　http://www.castp.cn
经 销 者　各地新华书店
印 刷 者　北京地大彩印有限公司
开　　本　140 mm×203 mm　1/32
印　　张　5.75
字　　数　150 千字
版　　次　2023 年 9 月第 1 版　2023 年 9 月第 1 次印刷
定　　价　26.00 元

农业的根本出路在于机械化，实现农业现代化必须实现农业机械化、智能化。近年来，随着我国农村劳动力的转移、农业规模的扩大、农机服务组织的发展以及我国农机购置补贴政策的推动，农业机械拥有量迅速增加，产品结构不断优化升级，技术含量越来越高，农业机械化已成为引领现代农业发展的重要载体。

为适应当前农业机械化的发展，促进农机作业的标准化和规范化，提高农机手的技能水平和职业素质，编者组织了具有丰富理论和实践经验的专业技术人员，编写了《专业农机手》一书。

本书打破了传统的编排思路，将农机与农艺相融合，聚焦大豆、玉米、水稻、油菜、小麦等主要粮油作物耕、种、管、收的机械化作业环节，围绕农机手的必备知识、高质量机播技术、大豆玉米带状复合种植全程机械化技术、水稻机械化育秧插秧技术、油菜机械化育苗移栽技术、保护性耕作技术、高效飞防植保技术、机收减损技术等重要机械化技术编写而成。

本书内容翔实、语言简明，所涉及的农业机械面广、机型多，能够很好地帮助读者掌握当前我国各地广泛应用的农业机械操作技术，既可作为专业农机手、农机大户和农机合作社带头人的培训教材，还可作为广大农业机械使用与管理人员的培训教材。

编者

2023 年 8 月

第一章　农机手的必备知识

第一节　农机手的职业道德

一、爱岗敬业，乐于奉献

农机手及其使用的机械设备是农业生产的主力军，最终生产出来的产品是满足人民生活必需的农副产品。因此，要求农机手要从全局出发，全心全意地为农业服务、为农民服务，提高农业生产的效益，不能只顾个人利益。

二、优质服务，尽职尽责

农机作业的对象是土地和作物，作业的及时性和质量好坏对农产品的产量和品质有直接影响。因此，要求农机手要有高度负责的精神，按照农业技术要求和操作规范认真对待每一项作业、每一道工序，确保作业质量，优质、高效、低耗、安全地完成生产任务。

三、遵纪守法，文明作业

遵守劳动纪律是农机手最重要的职业道德之一，农机手不但要遵守一般的法律、法规，还要严格遵守农业机械操作规程、农机安全监理规章，确保田间作业和道路运输的安全。要文明作业，不使机器带病工作，不违反操作规定，自觉进行车辆技术状况检查。一旦发生事故，应立即停车，采取措施，抢救伤员和财产，并及时报案。

四、尊师爱徒，友爱互助

尊师爱徒，友爱互助是中华民族的传统美德。老师傅具有阅历深、见识广、经验丰富、遇事冷静等优点，是国家和社会的宝贵财富，应当受到尊重和爱戴。老师傅要爱护青年人，努力把自己的好作风和过硬的技术毫无保留地传给他们，使他们尽快成长起来。

五、好学上进，钻研技术

农机手是一项技术性很强的职业。农机手必须努力学习农业机械的构造及其使用、维护、修理和操作技术，不断总结经验，提高水平。随着技术的发展，农业机械新产品不断问世，新机型不断出现，需要从业者继续学习和钻研，才能跟上时代的发展，更好地从事自己的工作。

第二节　农业机械的法律法规知识

认真学习、遵守有关农机安全生产的法律法规，如《中华人民共和国道路交通安全法》《中华人民共和国农业机械化促进法》《农业机械安全监督管理条例》《农业机械事故处理办法》《农机安全生产重大事故隐患判定标准（试行）》等，并努力提高安全驾驶技术。

一、《中华人民共和国道路交通安全法》

《中华人民共和国道路交通安全法》是为了维护道路交通秩

序，预防和减少交通事故，保护人身安全，保护公民、法人和其他组织的财产安全及其他合法权益，提高通行效率而制定的法规。该法于 2003 年 10 月 28 日第十届全国人民代表大会常务委员会第五次会议通过，并于 2007 年、2011 年、2021 年进行修正。

该法共八章一百二十四条，其中，第二章车辆和驾驶人的内容如下。

第二章　车辆和驾驶人

第一节　机动车、非机动车

第八条　国家对机动车实行登记制度。机动车经公安机关交通管理部门登记后，方可上道路行驶。尚未登记的机动车，需要临时上道路行驶的，应当取得临时通行牌证。

第九条　申请机动车登记，应当提交以下证明、凭证：

（一）机动车所有人的身份证明；

（二）机动车来历证明；

（三）机动车整车出厂合格证明或者进口机动车进口凭证；

（四）车辆购置税的完税证明或者免税凭证；

（五）法律、行政法规规定应当在机动车登记时提交的其他证明、凭证。

公安机关交通管理部门应当自受理申请之日起五个工作日内完成机动车登记审查工作，对符合前款规定条件的，应当发放机动车登记证书、号牌和行驶证；对不符合前款规定条件的，应当向申请人说明不予登记的理由。

公安机关交通管理部门以外的任何单位或者个人不得发放机动车号牌或者要求机动车悬挂其他号牌，本法另有规定的除外。

机动车登记证书、号牌、行驶证的式样由国务院公安部门规定并监制。

第十条 准予登记的机动车应当符合机动车国家安全技术标准。申请机动车登记时，应当接受对该机动车的安全技术检验。但是，经国家机动车产品主管部门依据机动车国家安全技术标准认定的企业生产的机动车型，该车型的新车在出厂时经检验符合机动车国家安全技术标准，获得检验合格证的，免予安全技术检验。

第十一条 驾驶机动车上道路行驶，应当悬挂机动车号牌，放置检验合格标志、保险标志，并随车携带机动车行驶证。

机动车号牌应当按照规定悬挂并保持清晰、完整，不得故意遮挡、污损。

任何单位和个人不得收缴、扣留机动车号牌。

第十二条 有下列情形之一的，应当办理相应的登记：

（一）机动车所有权发生转移的；

（二）机动车登记内容变更的；

（三）机动车用作抵押的；

（四）机动车报废的。

第十三条 对登记后上道路行驶的机动车，应当依照法律、行政法规的规定，根据车辆用途、载客载货数量、使用年限等不同情况，定期进行安全技术检验。对提供机动车行驶证和机动车第三者责任强制保险单的，机动车安全技术检验机构应当予以检验，任何单位不得附加其他条件。对符合机动车国家安全技术标准的，公安机关交通管理部门应当发给检验合格标志。

对机动车的安全技术检验实行社会化。具体办法由国务院规定。

机动车安全技术检验实行社会化的地方，任何单位不得要求机动车到指定的场所进行检验。

公安机关交通管理部门、机动车安全技术检验机构不得要求机动车到指定的场所进行维修、保养。

机动车安全技术检验机构对机动车检验收取费用，应当严格执行国务院价格主管部门核定的收费标准。

第十四条　国家实行机动车强制报废制度，根据机动车的安全技术状况和不同用途，规定不同的报废标准。

应当报废的机动车必须及时办理注销登记。

达到报废标准的机动车不得上道路行驶。报废的大型客、货车及其他营运车辆应当在公安机关交通管理部门的监督下解体。

第十五条　警车、消防车、救护车、工程救险车应当按照规定喷涂标志图案，安装警报器、标志灯具。其他机动车不得喷涂、安装、使用上述车辆专用的或者与其相类似的标志图案、警报器或者标志灯具。

警车、消防车、救护车、工程救险车应当严格按照规定的用途和条件使用。

公路监督检查的专用车辆，应当依照公路法的规定，设置统一的标志和示警灯。

第十六条　任何单位或者个人不得有下列行为：

（一）拼装机动车或者擅自改变机动车已登记的结构、构造或者特征；

（二）改变机动车型号、发动机号、车架号或者车辆识别代号；

（三）伪造、变造或者使用伪造、变造的机动车登记证书、号牌、行驶证、检验合格标志、保险标志；

（四）使用其他机动车的登记证书、号牌、行驶证、检验合格标志、保险标志。

第十七条 国家实行机动车第三者责任强制保险制度，设立道路交通事故社会救助基金。具体办法由国务院规定。

第十八条 依法应当登记的非机动车，经公安机关交通管理部门登记后，方可上道路行驶。

依法应当登记的非机动车的种类，由省、自治区、直辖市人民政府根据当地实际情况规定。

非机动车的外形尺寸、质量、制动器、车铃和夜间反光装置，应当符合非机动车安全技术标准。

第二节 机动车驾驶人

第十九条 驾驶机动车，应当依法取得机动车驾驶证。

申请机动车驾驶证，应当符合国务院公安部门规定的驾驶许可条件；经考试合格后，由公安机关交通管理部门发给相应类别的机动车驾驶证。

持有境外机动车驾驶证的人，符合国务院公安部门规定的驾驶许可条件，经公安机关交通管理部门考核合格的，可以发给中国的机动车驾驶证。

驾驶人应当按照驾驶证载明的准驾车型驾驶机动车；驾驶机动车时，应当随身携带机动车驾驶证。

公安机关交通管理部门以外的任何单位或者个人，不得收缴、扣留机动车驾驶证。

第二十条 机动车的驾驶培训实行社会化，由交通运输主管部门对驾驶培训学校、驾驶培训班实行备案管理，并对驾驶培训活动加强监督，其中专门的拖拉机驾驶培训学校、驾驶培训班由农业（农业机械）主管部门实行监督管理。

驾驶培训学校、驾驶培训班应当严格按照国家有关规定，对学员进行道路交通安全法律、法规、驾驶技能的培训，确保培训质量。

任何国家机关以及驾驶培训和考试主管部门不得举办或者参与举办驾驶培训学校、驾驶培训班。

第二十一条 驾驶人驾驶机动车上道路行驶前，应当对机动车的安全技术性能进行认真检查；不得驾驶安全设施不全或者机件不符合技术标准等具有安全隐患的机动车。

第二十二条 机动车驾驶人应当遵守道路交通安全法律、法规的规定，按照操作规范安全驾驶、文明驾驶。

饮酒、服用国家管制的精神药品或者麻醉药品，或者患有妨碍安全驾驶机动车的疾病，或者过度疲劳影响安全驾驶的，不得驾驶机动车。

任何人不得强迫、指使、纵容驾驶人违反道路交通安全法律、法规和机动车安全驾驶要求驾驶机动车。

第二十三条 公安机关交通管理部门依照法律、行政法规的规定，定期对机动车驾驶证实施审验。

第二十四条 公安机关交通管理部门对机动车驾驶人违反道路交通安全法律、法规的行为，除依法给予行政处罚外，实行累积记分制度。公安机关交通管理部门对累积记分达到规定分值的机动车驾驶人，扣留机动车驾驶证，对其进行道路交通安全法律、法规教育，重新考试；考试合格的，发还其机动车驾驶证。

对遵守道路交通安全法律、法规，在一年内无累积记分的机动车驾驶人，可以延长机动车驾驶证的审验期。具体办法由国务院公安部门规定。

二、《中华人民共和国农业机械化促进法》

为了鼓励、扶持农民和农业生产经营组织使用先进适用的农业机械，促进农业机械化，建设现代农业，制定《中华人民共和国农业机械化促进法》。该法于2004年6月25日第十届全国人民代表大会常务委员会第十次会议通过，2004年11月1日起施行，2018年10月26日修正。

该法共八章三十五条。其中，第五章社会化服务的内容如下。

第五章　社会化服务

第二十一条　农民、农业机械作业组织可以按照双方自愿、平等协商的原则，为本地或者外地的农民和农业生产经营组织提供各项有偿农业机械作业服务。有偿农业机械作业应当符合国家或者地方规定的农业机械作业质量标准。

国家鼓励跨行政区域开展农业机械作业服务。各级人民政府及其有关部门应当支持农业机械跨行政区域作业，维护作业秩序，提供便利和服务，并依法实施安全监督管理。

第二十二条　各级人民政府应当采取措施，鼓励和扶持发展多种形式的农业机械服务组织，推进农业机械化信息网络建设，完善农业机械化服务体系。农业机械服务组织应当根据农民、农业生产经营组织的需求，提供农业机械示范推广、实用技术培训、维修、信息、中介等社会化服务。

第二十三条　国家设立的基层农业机械技术推广机构应当以试验示范基地为依托，为农民和农业生产经营组织无偿提供公益性农业机械技术的推广、培训等服务。

第二十四条　从事农业机械维修，应当具备与维修业务相适应的仪器、设备和具有农业机械维修职业技能的技术人员，保证维修质量。维修质量不合格的，维修者应当免费重新修理；造成人身伤害或者财产损失的，维修者应当依法承担赔偿责任。

第二十五条　农业机械生产者、经营者、维修者可以依照法律、行政法规的规定，自愿成立行业协会，实行行业自律，为会员提供服务，维护会员的合法权益。

三、《农业机械安全监督管理条例》

《农业机械安全监督管理条例》是为了加强农业机械安全监督管理，预防和减少农业机械事故，保障人民生命和财产安全而制定的法规。该条例于 2009 年 9 月 17 日公布，自 2009 年 11 月 1 日起施行，并于 2016 年 2 月 6 日、2019 年 3 月 2 日进行修订。

该条例共七章六十条，其中，第三章使用操作的内容如下。

第三章　使用操作

第二十条　农业机械操作人员可以参加农业机械操作人员的技能培训，可以向有关农业机械化主管部门、人力资源和社会保障部门申请职业技能鉴定，获取相应等级的国家职业资格证书。

第二十一条　拖拉机、联合收割机投入使用前，其所有人应当按照国务院农业机械化主管部门的规定，持本人身份证明和机具来源证明，向所在地县级人民政府农业机械化主管部门申请登记。拖拉机、联合收割机经安全检验合格的，农业机械化主管部门应当在 2 个工作日内予以登记并核发相应的证书和牌照。

拖拉机、联合收割机使用期间登记事项发生变更的，其所有人应当按照国务院农业机械化主管部门的规定申请变更登记。

第二十二条　拖拉机、联合收割机操作人员经过培训后，应当按照国务院农业机械化主管部门的规定，参加县级人民政府农业机械化主管部门组织的考试。考试合格的，农业机械化主管部门应当在 2 个工作日内核发相应的操作证件。

拖拉机、联合收割机操作证件有效期为 6 年；有效期满，拖拉机、联合收割机操作人员可以向原发证机关申请续展。未满 18 周岁不得操作拖拉机、联合收割机。操作人员年满 70 周岁的，县级人民政府农业机械化主管部门应当注销其操作证件。

第二十三条 拖拉机、联合收割机应当悬挂牌照。拖拉机上道路行驶，联合收割机因转场作业、维修、安全检验等需要转移的，其操作人员应当携带操作证件。

拖拉机、联合收割机操作人员不得有下列行为：

（一）操作与本人操作证件规定不相符的拖拉机、联合收割机；

（二）操作未按照规定登记、检验或者检验不合格、安全设施不全、机件失效的拖拉机、联合收割机；

（三）使用国家管制的精神药品、麻醉品后操作拖拉机、联合收割机；

（四）患有妨碍安全操作的疾病操作拖拉机、联合收割机；

（五）国务院农业机械化主管部门规定的其他禁止行为。

禁止使用拖拉机、联合收割机违反规定载人。

第二十四条 农业机械操作人员作业前，应当对农业机械进行安全查验；作业时，应当遵守国务院农业机械化主管部门和省、自治区、直辖市人民政府农业机械化主管部门制定的安全操作规程。

四、《农业机械事故处理办法》

《农业机械事故处理办法》于 2011 年 1 月 12 日公布，自 2011 年 3 月 1 日起施行。

该办法共八章五十五条，其中第二章报案和受理的内容如下。

第二章　报案和受理

第十条 发生农机事故后，农机操作人员和现场其他人员应当立即停止农业机械作业或转移，保护现场，并向事故发生地县级农机安全监理机构报案；造成人身伤害的，还应当立即采取措施，抢救受伤人员；造成人员死亡的，还应当向事故发生地公安机关报案。因抢救受伤人员变动现场的，应当标明事故发生时机具和人员的位置。

发生农机事故，未造成人身伤亡，当事人对事实及成因无争议的，可以在就有关事项达成协议后即行撤离现场。

第十一条　发生农机事故后当事人逃逸的，农机事故现场目击者和其他知情人应当向事故发生地县级农机安全监理机构或公安机关举报。接到举报的农机安全监理机构应当协助公安机关开展追查工作。

第十二条　农机安全监理机构接到事故报案，应当记录下列内容：

（一）报案方式、报案时间、报案人姓名、联系方式，电话报案的还应当记录报案电话；

（二）农机事故发生的时间、地点；

（三）人员伤亡和财产损失情况；

（四）农业机械类型、号牌号码、装载物品等情况；

（五）是否存在肇事嫌疑人逃逸等情况。

第十三条　接到事故现场报案的，县级农机安全监理机构应当立即派人勘查现场，并自勘查现场之时起 24 小时内决定是否立案。

当事人未在事故现场报案，事故发生后请求农机安全监理机构处理的，农机安全监理机构应当按照本办法第十二条的规定予以记录，并在 3 日内作出是否立案的决定。

第十四条　经核查农机事故事实存在且在管辖范围内的，农机安全监理机构应当立案，并告知当事人。经核查无法证明农机事故事实存在，或不在管辖范围内的，不予立案，书面告知当事人并说明理由。

第十五条 农机安全监理机构对农机事故管辖权有争议的，应当报请共同的上级农机安全监理机构指定管辖。上级农机安全监理机构应当在 24 小时内作出决定，并通知争议各方。

五、《农机安全生产重大事故隐患判定标准（试行）》

为严密防范、坚决遏制农机安全生产领域发生重特大事故，按照《国务院安委会办公室关于切实加强重大安全风险防范化解工作的通知》（安委办〔2022〕4 号）以及《农业农村部安委会办公室关于开展防范化解重大安全风险工作的通知》（农安办发〔2022〕4 号）的要求，农业农村部制定了《农机安全生产重大事故隐患判定标准（试行）》，并研究提出了相关管理措施。

农机安全生产重大事故隐患判定标准（试行）

根据《中华人民共和国安全生产法》《中华人民共和国道路交通安全法》《农业机械安全监督管理条例》等有关法律法规和相关国家、行业标准，农机安全生产领域存在以下情形之一的，应当判定为重大事故隐患：

（一）无证驾驶操作拖拉机或联合收割机的，酒后、服用违禁药品等操作农业机械的；

（二）拖拉机违法搭载人员的；

（三）无号牌、未经检验或检验不合格的拖拉机和联合收割机投入使用的；

（四）存在超载、超限、超速等行为的；

（五）拼装、改装农业机械等导致不符合农业机械运行安全技术条件的；

（六）农业机械存在灯光不齐、安全防护装置与安全标志缺失，以及刹车与转向系统失灵等安全隐患的。

管理措施

（一）强化源头管理。严格做好拖拉机和联合收割机注册登记、驾驶人考试等管理工作，严禁给不符合安全标准的农业机械发放牌证，严禁给未经考试或考试不合格的人员核发驾驶证，严厉查处违规发放拖拉机和联合收割机牌证的行为。

（二）强化技术检验。严格按照《拖拉机和联合收割机安全技术检验规范》进行安全技术检验，强化运行安全技术要求及安全装置检查，对不符合条件以及未粘贴反光标识的拖拉机运输机组不予通过检验。

（三）强化宣传培训。运用多种形式重点宣传安全生产法律、法规和农机安全生产知识，提升农机安全生产意识。开展多种形式的农机安全培训，提高农机手安全驾驶和操作技能。

（四）强化执法检查。规范农机安全执法履职行为，明确职责，落实到岗。严查无证驾驶、无牌行驶、酒后驾驶、未年检、拼装改装、违法载人、超速超载、伪造变造证书和牌照等违法违规行为，形成严管高压态势。

六、《拖拉机和联合收割机驾驶证业务工作规范》

为贯彻实施《拖拉机和联合收割机驾驶证管理规定》（中华人民共和国农业部令2018年第1号）和《拖拉机和联合收割机登记规定》（中华人民共和国农业部令2018年第2号），规范拖拉机和联合收割机安全监理业务，加强农机安全生产，农业部于2018年对《拖拉机驾驶证业务工作规范》《拖拉机登记工作规范》《拖拉机驾驶人各科目考试内容与评定标准》《联合收割机驾驶人考试内容与评定标准》《联合收割机驾驶证业务工作规范》《联合收割机登记工作规范》《拖拉机联合收割机牌证制发监督管理办法》《拖拉机、联合收割机牌证业务档案管理规范》进行了修订，整合为《拖拉机和联合收割机驾驶证业务工作规范》和《拖拉机和联合收割机登记业务工作规范》。

《拖拉机和联合收割机驾驶证业务工作规范》包括总则、驾驶证申领办理、换证和补证等业务办理、档案管理、附则等五章内容，其中第二章驾驶证申领办理的内容如下。

第二章　驾驶证申领办理

第一节　初次申领

第四条　办理初次申领驾驶证业务的流程和具体事项为：

（一）受理岗审核驾驶证申请人提交的《拖拉机和联合收割机驾驶证业务申请表》（以下简称《申请表》）、《拖拉机和联合收割机驾驶人身体条件证明》（以下简称《身体条件证明》）、身份证明和1寸证件照。符合规定的，受理申请，收存资料，录入信息，在《申请表》"受理岗签章"栏内签章；办理考试预约，告知申请人考试时间、地点、科目。

（二）考试岗按规定进行考试。

（三）受理岗复核考试资料，录入考试结果；核对计算机管理系统信息。符合规定的，确定驾驶证档案编号，制作并核发驾驶证。

（四）档案管理岗核对计算机管理系统信息，复核资料，将下列资料按顺序装订成册，存入档案：

1.《申请表》；

2.申请人身份证明复印件，属于在户籍地以外居住的，还需收存居住证明复印件；

2. 《身体条件证明》；

4. 科目一考试卷或机考成绩单；

5. 考试成绩表。

第二节　增加准驾机型申领

第五条　办理增加准驾机型申领业务的流程和具体事项为：

（一）受理岗按照本规范第四条第一项办理，同时审核申请人所持驾驶证。

（二）符合规定的，考试岗、受理岗、档案管理岗按照本规范第四条第二项至第四项的流程和具体事项办理驾驶证增加准驾机型业务。在核发驾驶证时，受理岗还应当收回原驾驶证。档案管理岗将原驾驶证存入档案。

第六条　农机监理机构在受理增加准驾机型申请至核发驾驶证期间，发现申请人在一个记分周期内记满12分，驾驶证转出及被注销、吊销或撤销的，终止考试预约、考试或核发驾驶证，出具不予许可决定书。

农机监理机构在核发驾驶证时，距原驾驶证有效期满不足3个月的，或已超过驾驶证有效期但不足1年的，应当合并办理增加准驾机型和有效期满换证业务。

农机监理机构在核发驾驶证时，原驾驶证被扣押、扣留或暂扣的，应当在驾驶证被发还后核发新驾驶证。

《拖拉机和联合收割机登记业务工作规范》包括总则，登记办理，临时行驶号牌和检验合格标志核发，补领、换领牌证和更正办理，档案管理，牌证制发，附则等七章。其中第二章登记办理中的注册登记内容如下。

第二章　登记办理

第一节　注册登记

第四条　办理注册登记业务的流程和具体事项为:

(一) 查验岗审查拖拉机和联合收割机、挂车出厂合格证明(以下简称合格证) 或进口凭证;查验拖拉机和联合收割机,核对发动机号码、底盘号/机架号、挂车架号码的拓印膜。不属于免检的,应当进行安全技术检验。符合规定的,在安全技术检验合格证明上签注。

(二) 登记审核岗审查《拖拉机和联合收割机登记业务申请表》(以下简称《申请表》,见附件2-1)、所有人身份证明、来历证明、合格证或进口凭证、安全技术检验合格证明、整机照片,拖拉机运输机组还应当审查交通事故责任强制保险凭证。符合规定的,受理申请,收存资料,确定号牌号码和登记证书编号。录入号牌号码、登记证书编号、所有人的姓名或单位名称、身份证明名称与号码、住址、联系电话、邮政编码、类型、生产企业名称、品牌、型号名称、发动机号码、底盘号/机架号、挂车架号码、生产日期、机身颜色、获得方式、来历证明的名称和编号、注册登记日期、技术数据 (发动机型号、功率、外廓尺寸、转向操纵方式、轮轴数、轴距、轮距、轮胎数、轮胎规格、履带数、履带规格、轨距、割台宽度、拖拉机最小使用质量、联合收割机质量、准乘人数、喂入量/行数);拖拉机运输机组还应当录入拖拉机最大允许载质量,交通事故责任强制保险的生效、终止日期和保险公司的名称。在《申请表》"登记审核岗签章"栏内签章。核发号牌、行驶证和检验合格标志,根据所有人申请核发登记证书。

（三）档案管理岗核对计算机管理系统的信息，复核资料，将下列资料按顺序装订成册，存入档案：

1. 《申请表》；

2. 所有人身份证明复印件；

3. 来历证明原件或复印件（销售发票、《协助执行通知书》应为原件）；

4. 属于国产的，收存合格证；

5. 属于进口的，收存进口凭证原件或复印件；

6. 安全技术检验合格证明；

7. 拖拉机运输机组交通事故责任强制保险凭证；

8. 发动机号码、底盘号/机架号、挂车架号码的拓印膜；

9. 整机照片；

10. 法律、行政法规规定应当在登记时提交的其他证明、凭证的原件或复印件。

第五条　未注册登记的拖拉机和联合收割机所有权转移的，办理注册登记时，除审查所有权转移证明外，还应当审查原始来历证明。属于经人民法院调解、裁定、判决所有权转移的，不审查原始来历证明。

第三节　专业农机手的安全生产知识

一、严格遵守安全操作规程

熟练掌握所驾驶操作农业机械的性能及安全操作要点，严格按照安全操作规程，努力做到"六禁止"：一是禁止检验不合格的或无牌无证的农机具在道路上行驶；二是禁止长时间超负荷作业，拖拉机负荷应控制在85%为宜；三是禁止轮胎气压超过标准，拖拉机在恶劣环境下工作，轮胎气压低于标准气压 2%～3%，以防突然爆裂；四是禁止蓄电池通气孔堵塞，以免使用中产生的氢气和氧气在高温下膨胀受阻而爆炸；五是禁止随意拆卸调整机构，避免因提高发动机转速而造成农机事故的发生；六是禁止在堤坝上高速行驶、横坡行驶或下坡时分离离合器滑行。

二、养成良好的安全操作习惯

养成良好的农业机械安全操作习惯，主动做到"六不准"：一是不准酒后驾车和超载、越速作业；二是不准在通过繁华村口街道、交叉路口时高速行驶；三是不准在没有判断前车动向时超车；四是不准夜间行驶时高速会车；五是不准在视线不良的雨、雾、雪、风沙天和在坡顶、转弯时超车；六是不准肇事逃逸，一旦发生事故，首要任务是抢救受伤人员，并及时向有关部门报案。

三、保持良好的安全工作状态

努力提高驾驶操作和维护农业机械的技能，勤检查、勤保养，确保农业机械始终保持良好安全工作状态，自觉做好"三注意"：一是注意经常检查维修操作、转向、制动系统，防止失灵、失控；二是注意经常清洗冷却系统的水垢污泥，防止冷却系统失去功能；三是注意随时排除机车故障，重点检查喷油泵、变速箱等关键部件的工作情况、完好情况，避免机车带病作业，埋下事故隐患。

高质量机播技术

第一节 播种机的认识

一、播种机的分类

播种机的类型很多，有多种分类方法。按播种方法可分为撒播机、条播机、穴播机和精密播种机；按播种的作物可分为谷物播种机、棉花播种机、牧草播种机和蔬菜播种机；按联合作业方式可分为施肥播种机、旋耕播种机、铺膜播种机和播种中耕通用机；按牵引动力可分为畜力播种机、机引播种机、悬挂播种机和半悬挂播种机；按排种原理可分为气力式播种机和离心式播种机。

随着农业栽培技术、生物技术、机电一体化技术的发展，又出现了免耕播种机、多功能联合播种机等。现介绍几种常见播种机。

（一）条播机

条播机（图2-1）主要用于谷物、蔬菜、牧草等小粒种子的播种作业，常用的有谷物条播机。

用于不同作物的条播机除采用不同类型的排种器和开沟器外，其结构基本相同，一般由机架、牵引或悬挂装置、种子箱、排种器、传动装置、输种管、开沟器、划行器、行走轮和覆土镇

图 2-1 条播机

压装置等组成。其中影响播种质量的主要是排种装置和开沟器。常用的排种器有槽轮式、离心式、磨盘式等类型。开沟器有锄铲式、靴式、滑刀式、单圆盘式和双圆盘式等类型。条播机能够一次完成开沟、排种、排肥、覆土、镇压等工序。条播机采用行走轮驱动排种（肥）器工作。作业时，由行走轮带动排种轮旋转，种子经种子箱内的种子杯按要求的播种量排入输种管，并经开沟器落入开好的沟槽内，然后由覆土镇压装置将种子覆盖压实。出苗后作物成平行等距的条行。

（二）穴播机

穴播机（图 2-2）是按一定行距和穴距，将种子成穴播种的种植机械。每穴可播 1 粒或数粒种子，分别称单粒精播或多粒穴播，主要用于玉米、棉花、甜菜、向日葵、豆类等中耕作物，又称中耕作物播种机。每台播种机单体可完成开沟、排种、覆土、镇压等整个作业过程。

图 2-2 穴播机

穴播机主要由机架、种子箱、排种器、开沟器、覆土镇压装置等组成。机架由主横梁、行走轮、悬挂架构成，而种子箱、排种器、开沟器、覆土镇压装置等则构成播种单体。播种单体通过四杆仿形机构与主梁连接，可随地面起伏而上下仿形。单体数与播行数相等，每一单体上的排种器由行走轮或该单体的镇压轮驱动。调换链轮可调节穴距。

工作时，由行走轮通过传动链条带动排种轮旋转，排种器将种子箱内的种子成穴或单粒排出，通过输种管落入开沟器所开的种槽内，然后由覆土器覆土，最后镇压装置将种子覆盖压实。

穴播机主要工作部件是靠成穴器来实现种子的单粒或成穴摆放。目前，我国使用较广泛的穴播机是水平圆盘式、窝眼轮式和气力式穴播机。2BZ-6 型悬链式播种机，是国内较典型的穴播式播种机，主要用于大粒种子的穴播。

（三）精密播种机

精密播种机（图 2-3）是以精确的播种量、株行距和深度播种的机械。具有节省种子、免除出苗后的间苗作业、每株作物的营养面积均匀等优点。精密播种机多为单粒穴播和精确控制每穴粒数的多粒穴播，一般在穴播机各类排种器的基础上改进而成。如改进窝眼轮排种器上孔型的形状和尺寸，使其只接受1粒种子并防止空穴；将排种器与开沟器直接连接或置于开沟器内以降低投种高度，控制种子下落速度，避免种子弹跳；在水平圆盘排种器上加装垂直圆盘式投种器，以改变投种方向和降低投种高度，避免种子位移；在双圆盘式开沟器上附装同位限深轮，以确保播种深度稳定；多粒精密穴播机是在排种器与开沟器之间加设成穴机构，使排种器排出的单粒种子在成穴机构内汇集成精确数量的种子群，然后播入种沟。此外，精密播种机还有一些穴

图 2-3　精密播种机

播机没有的结构，如使用事先将单粒种子按一定间距固定的纸带播种，或使种子从一条回转运动的环形橡胶或塑料制种带孔排入种沟等。

目前，国内外播种大豆、玉米、甜菜、棉花等中耕作物的播种机多数采用精密播种，即单粒点播和穴播。一般中耕作物精密播种机的组成分为以下4部分。

（1）机架。多数为单梁式。机架支撑整机，各工作部件都安装在机架上。

（2）排种部件。种子箱和能精密播种的机械式或气力式排种器，包括可调节的刮种器和推种器。

（3）排肥部件。包括排肥箱、排肥器、输肥管和施肥开沟器。

（4）土壤工作部件及其仿形机构。包括开沟器、覆土器、仿形轮、镇压轮、压种轮及其连杆机构等。

有的精密播种机还配备施洒农药和除草剂的装置。

（四）铺膜播种机

铺膜播种机（图2-4）主要由铺膜机和播种机组合而成。按工艺特点可分为先铺膜后播种和先播种后铺膜两大类。该机由机架、开沟器、镇压辊（前）、展膜辊、压膜辊、圆盘覆土器（前）、穿孔播种装置、圆盘覆土器（后）、镇压辊（后）、膜卷架、施肥装置等组成。

作业时，肥料箱内的化肥由排肥器送入输肥管，经施肥开沟器施在种行的一侧，平土器将地表干土及土块推出种床外，并填平肥料沟，同时开出2条压膜小沟，由镇压辊将种床压平。塑料薄膜经展膜辊铺至种床上，由压膜辊将其横向拉紧，并使膜边压入两侧的小沟内。由圆盘覆土器在膜边盖土。种子箱内种子经输种管进入穴播滚筒的种子分配箱，随穴播滚筒一起转动的取种圆

图 2-4 铺膜播种机

盘通过种子分配箱时，从侧面接受种子进入取种盘的倾斜型孔，并经挡盘卸种后进入种道，随穴播滚筒转动而落入鸭嘴端部。当鸭嘴穿膜打孔达到下死点时，凸轮打开活动鸭嘴，使种子落入穴孔，鸭嘴出土后由弹簧使活动鸭嘴关闭。此时，后圆盘覆土器翻起的碎土，小部分经锥形滤网进入覆土推送器，横向推送至穴行覆盖在穴孔上。其余大部分碎土压在膜边上。

（五）免耕播种机

免耕播种机（图 2-5）是指播种前不单独进行土壤耕作而直接在茬地上播种，作物生长期不进行土壤管理的耕作方法。用联合作业免耕播种机一次完成切茬、开沟、喷药除草、播种、覆土多道工序。免耕播种机的多数部件均与传统播种机相同，不同的是免耕播种机必须配置能切断残茬和破土开种沟的破茬部件，这是因为未耕翻地土壤坚硬，地表还有残茬。

免耕播种机具有下列优点。

图 2-5　免耕播种机

（1）省去耕地作业、节省作业费、提前播种期，比常规平播提前 1~2 天。若遇阴雨天，免耕更会体现争时的增产效应。

（2）免耕地块蓄水保墒能力强。由于地表有秸秆覆盖，土壤的水、肥、气、热可协调供给，干旱时土壤不易裂缝，雨后不易积水。与翻耕地块相比，作物生长快，苗情好。另外，肥料不易流失，产量也相应提高。

（3）抗倒伏性好。免耕农作物表层根量多，主根发达，加之原有土体结构未受到破坏，农作物根系与土壤固结能力强，所以玉米抗倒伏能力强。

二、播种机与拖拉机的连接

（1）拖拉机与播种机挂接时，机具中心线应对准拖拉机中心线，按要求的连接位置进行挂接，保证播种机的仿形性能。

（2）使用轮式拖拉机时，要根据不同作物的行距来调整拖拉机的轮距，使车轮行驶在行间，以免影响播种质量。

（3）拖拉机与播种机挂接后，应使机具工作时左右前后保持水平。拖拉机悬挂机构的提升杆可调整播种机左右水平，拖拉机悬挂中心拉杆可调整播种机前后水平。进行播种作业时，应将拖拉机液压操纵杆放在"浮动"位置。

（4）悬挂播种机升起时，拖拉机如果有翘头现象，可在拖拉机前头保险杠加配重块，以增加拖拉机操纵稳定性。

（5）牵引2台以上播种机作业时，需用连接器。连接播种机时，应使整个播种机组中心线对准拖拉机的中心线。

第二节　播种机的基本操作

一、播种机的播前准备

（1）清除油污脏物，并将润滑部位注足润滑脂；固紧螺栓及连接部位，不得有松动、脱出现象；传动机构要可靠；链条张紧度要合适；拖拉机与播种机挂接要正确；开沟器工作正常；进行空转试验，待各运转机构均正常后，方可开始工作。

（2）按播种要求调整有关部位，如播种量、行距、播种深度等。

（3）检查种子和肥料，不得混有石块、铁钉、绳头等杂物，肥料不应有结块。

（4）播种前应组织好连片作业，预先把种子、肥料放在地头适当位置，以提高作业效率。

（5）检查仿形机构，地轮转动是否灵活，排种盘和排肥盘是否符合要求，覆土器角度是否满足覆土薄厚的要求。如果上述检查项目正常，可先找一块平坦田地试验，检查种子和肥料的排量，如不妥则进行调整。

二、正确操作播种机

(一) 播种操作

(1) 播种机调整正常后,方可下地投入正常作业。播第一趟时要选好开播点,在视线范围内找好标志,力求一次开直,以便后期中耕管理。行走路线一般采用梭形法。在刚开始作业时,离地头 2~3 米处停下来,检查开沟的深度 (根据墒情而定),如过深或过浅应调整。

(2) 充分利用土地面积。播种时,驾驶员应按计划尽量将种子播近边、播到头,做到不留地头、不留大边,充分利用耕地面积。

(3) 在开沟器入土状态下,机组不能倒退、不准急转弯。

(二) 操作播种机的注意事项

(1) 随时注意各机构的工作情况,如各传动机构工作是否正常,输种管下端是否保持在开沟器下种口内,种子、肥料在排出中有否堵塞。肥料在箱内是否有架空,地轮有无黏土等。

(2) 及时添加种子、肥料,箱内种子、肥料不少于各自箱子容积的 1/4。

(3) 及时清理种子箱和肥料箱。播完一种作物后,要及时清理种子箱,严防种子混杂;同时,还应清理肥料箱,防止化肥和农药腐蚀金属。

(4) 作业中要经常观察地轮是否运转自如,发现故障应及时排除。

(5) 地头或田间停车后,为了避免漏播,可将播种机升起后退一定距离,然后再继续工作。但后退的距离不能过长或过短,过长会浪费时间和种子,过短会产生漏播。

(6) 要及时清除开沟器前方拖带的杂草和残茬,以免造成断条、拖堆而缺苗。

（7）地里杂草多、茬子多的情况下，应把前支铲安装上，以便清除残茬，保证播种质量。播种速度应保持在 4～7 千米/时。

（8）播种完一个小区，要核实播种量，不符合播种要求时，要调整后再播种下一个小区。

（9）播后要在 12 小时内及时镇压，以保持土壤中的水分和坚实程度，有利于种子发芽。

（10）种子和肥料必须经过筛选后方能使用，肥料要选择流动性较好的磷酸二铵、尿素等，这样能保证下肥均匀。

（11）使用悬挂式播种机，在提升或降落时，应在播种机行进中缓慢进行，以免造成机件损坏和开沟器堵塞。

（12）播种机转移地块或运输时，种子箱内不应装有种子，工作时再重新加入。

第三节　玉米（大豆）免耕播种技术

一、机具选择与配套

为抢农时，黄淮海地区一般采用免耕播种，如果种床基础较差，有大量新鲜秸秆和根茬残留，容易造成播种机具拥堵和种子土壤结合不紧密；经过前茬小麦生产多次碾轧，表层土壤容重大、较坚实，增加了播种开沟作业难度；部分地块土壤高低不平，提高了仿形难度，播种时容易深浅不一，整齐度差。选择机具时，应充分考虑种床基础，选择适用的高性能免耕播种机，并配套北斗自动导航驾驶系统和播种作业监测终端，提高播种质量。

（一）高性能免耕播种机

高性能免耕播种机应具有破茬开沟、播种、施肥、覆土、镇压等功能。在小麦秸秆全量覆盖的情况下作业通过性强、作业速度快、无堵塞、播种质量好、能同时深施化肥。一般应配置指夹式或气力式排种器，提高播种粒距均匀性，减少重播、漏播，实现较高作业速度下均匀播种；应配置单体独立同步仿形机构，在播种机开沟器位置同步仿形，实现播种深度均匀一致，提高出苗整齐度；应配置"V"形或单体轮式苗带镇压机构，增强镇压效果，确保种子与土壤紧密结合。

（二）北斗卫星自动导航驾驶系统

北斗卫星自动导航驾驶系统能提高播种直线度和调头对行衔接性，提高作业精准度和前后环节作业匹配度，实现精准播种，为后期植保、对行收获创造条件，减轻农机手劳动强度。应根据当地定位基站、网络信号、地块坡度、扩展性等因素，优先选择配置具有作业线共享功能，支持移动、联通和电信"三网合一"的网络差分方式的系统。

（三）播种作业监测终端

播种作业监测终端应具备种子漏播报警，实时作业速度显示，作业面积、各行播种量（株数）和亩（1亩≈667米^2，全书同）播种量（株数）统计功能，及数据采集上传功能，以便农机手在后台监测播种情况、排种器工作状态及作业轨迹情况，避免缺种、漏播等。高速精准作业（10千米/时以上）还应配备具有种子计数、落种间隔统计分析及显示功能的监测设备。监测设备的误差率应小于1%，对播种过程中灰尘、沙石、种子包衣等适应性强。

二、作业前检修保养

作业季节开始前，应按照产品使用说明书对播种机进行一次全面检查与保养，确保机具在整个播种期能正常工作，有效预防和减少作业故障，提高作业质量和效率。经保养或修理后的播种机应做好试运转，先局部后整体，认真检查地轮、传动部件、开沟器、排种器、施肥装置、风机、覆土器、镇压器、仿形机构等机构的运转、传动、调节情况；检查有无异常响声情况，运动是否灵活可靠；检查外露传动部件防护罩是否完好，重要部位螺栓、螺母有无松动，机架等部件有无变形等；发现问题应及时解决。备足备齐田间作业常用工具、零配件、易损零配件及油料等，以便出现故障时能够及时排除。

三、选择适宜品种和播期

（一）选用良种

根据当地生产条件、地力基础和气候条件，选用经审定的优质高产、抗逆性强、适应性广、宜机化的优良品种。玉米（大豆）高性能免耕播种机属精密（单粒）播种机，使用不达标种子会造成空穴，降低产量。因此，应选用合格的商品种，种子纯度、净度、发芽率、含水率达到标准要求，并采用种子包衣或药剂拌种进行病虫害防治，形成"高品质商品种+高性能播种机"联合应用方式。

（二）适墒播种

黄淮海地区一般在小麦收获后一周内完成播种，夏玉米应免耕播种，夏大豆可因地制宜浅耕后播种。小麦收获后，若墒情适宜，应立即抢墒播种；若墒情较差，应等墒播种或浇水造墒后播种；若适播期内未达到播种条件，应及时改种早熟品种，并适当增加种植密度。

（三）合理密植

根据品种特性、土壤肥力、管理水平等，确定适宜种植密度，构建合理群体结构。针对肥水供应充足、生产条件整体较好、使用耐密抗倒伏品种的地块，可适当增加种植密度，玉米亩播粒数增至 5 000 粒，亩保苗增至 4 500~5 000 株；大豆亩播粒数增至 13 000~16 000 粒，亩保苗增至 12 000~15 000 株。根据亩播粒数和当地农艺要求确定合理的种植株距和行距，为下一步调整播种机的理论株距和行距奠定基础。黄淮海地区玉米行距一般为 600 毫米，株距一般为 200~250 毫米，大豆行距一般为 300~400 毫米，株距一般为 120~140 毫米。

四、调整试播

（一）机具调整

正式播种作业前，应按当地农艺要求，根据产品说明书调整播种机，确保各项作业指标满足要求。

1. 选择适用的排种盘

根据不同作物种子形状、粒度大小选择适宜孔径大小的排种盘，可实现不同作物的播种。其中，气力式排种器适用于大豆和玉米播种。更换排种盘时，应先打开排种器壳体，使用专用工具拆卸种盘并更换，完成后再将排种器壳体复位，最后调整清种限位板位置和清种力度。指夹式排种器主要用于玉米播种，播种大豆时，可将指夹式排种器更换为毛刷排种器，安装结构和空位应一致，并根据种子形状、粒度大小，校核指夹复位弹簧力度、调整清种毛刷位置。

2. 行距调整

各播种单元在播种机框架上应均匀排布。奇数播种行播种机，应先确定中间行播种单元与播种机框架（梁）长度的中心线重合的位置，再根据行距确定其他行播种单元的位置，并固定好，防止松动；偶数播种行播种机，应先确定中间两行播种单元在框架（梁）的中心线左右两侧各半个行距的位置。

3. 株距调整

按照播种机上的株距调节指示图进行调整，气力式播种机的株距调整一般通过更换适宜孔径大小和吸种孔数量的排种盘，并调节播种机传动装置实现；指夹式播种机的株距调整通过调节播种机传动装置实现。调整传动装置时，采用地轮传动方式的播种机主要调整塔轮齿数比，通过改变传动速比实现播种株距的调整；电驱播种机主要调节电驱控制器，在控制器中找出株距调整选项，输入所需要的株距即可实现株距的调整。

4. 清茬防堵调整

通过调节三点悬挂及机具自带限位，调整秸秆切割装置、破茬清垄机构的位置，查看能否较好地切断并清理播种带的秸秆和杂草，应达到播种行秸秆少、清垄一致性好、无壅土及堵塞现象。

5. 播种深度调整

作物播种深度根据土质、墒情及作物种类合理选择，一般玉米播种深度 30~50 毫米，大豆播种深度 30 毫米左右。播种机可通过播深轮上下位置或仿形限位轮手柄来调节。

6. 镇压力调整

覆土镇压力可通过镇压轮挡位调节实现。玉米镇压力稍大，一般在挡位 2 级或 3 级镇压挡位；大豆镇压力稍小，一般在挡位 1 级镇压挡位。

7. 排肥量调整

一般玉米每亩施用高氮缓控释肥（含氮量高于 28%）50~70 千克，大豆每亩施用低氮缓控释肥（含量不超过 15%）15~20 千克。应按照播种机上的排肥量调节指示图，通过调整挡板开度或排肥轮转速实现大豆、玉米不同的排肥量。调整后应进行排量测试，作业过程中应关注肥料管弯曲程度与流畅性，避免堆积堵塞。

8. 气力式播种机风机压力调整

气力式播种机应按照播种机说明书中行数等条件，对风机压力进行调整。播种过程中风机压力应稳定，一般控制在 60~80 毫巴；应具备风压监测装置，实时监测风压情况。其中，拖拉机 PTO（动力输出）驱动风机的播种机，通过调节拖拉机 PTO 输出转速实现合理风机压力；液压马达驱动风机的播种机，通过调节液压马达转速实现合理风机压力。

（二）试播作业

正式播种前要选择有代表性的地块进行试播。试播作业行进长度以 30 米左右为宜，根据田块的条件确定适宜的播种速度，检查行距、株距、播种深度、施肥量、施肥深度是否满足当地农艺要求，有无秸秆拥堵、下种管和下肥管堵塞等异常情况，并以此为依据进一步调整。调整后再进行试播并测试，直至达到作业质量标准和农户要求。作物品种、田块条件有变化应重新试播和调试机具。试播过程中，应注意观察机器工作状况并倾听其工作声音，发现异常及时解决。

五、规范驾驶作业

（一）注意起步转弯

道路运输、播种过程中地头转弯、倒车时，应将播种单体提升，避免机具损坏。牵引式播种机组长，转弯半径大，倒车操作较复杂，播种前应充分熟悉机具；作业开始时，应通过机具液压控制系统缓慢降落播种单体。悬挂式播种机组长度小，转弯换向灵活，作业开始时，应通过拖拉机升降装置适时缓慢降下机具；转弯时，应停止播种，将播种单体升起。

(二) 保持直线作业

作业时，应尽量保持直线行驶；作业过程中严禁倒车，播完及时升起机具。转弯调头后，对于已安装北斗自动导航驾驶系统的播种机组，应及时开启系统，增加直线度与衔接行一致性；对于未安装的播种机组，应及时放下划行器，确保行距一致性。

(三) 合理控制速度

指夹式、气力式排种器由外力主动夹持，受振动颠簸干扰小，排种稳定性较高，能够实现高速播种作业，一般指夹式播种机作业速度控制在 6~8 千米/时，气力式播种机为 8~10 千米/时。

(四) 保持气压稳定

气力式播种机一般采用手油门控制，保持 PTO 输出转速稳定。开始作业时，先增加油门，提高转速，一般 PTO 输出转速维持在 540 转/分左右，风机压力 60~80 毫巴，再缓慢降下机具开始作业；转弯掉头时，应先提升机具，再降低转速。

(五) 关注作业状态

播种作业过程中，应时刻关注作业和监控状态，对声光报警进行正确判断分析；应关注播种机各行单体、施肥开沟器夹草及拥堵情况，发现异常及时停止并排除风险后再正常作业。

第四节　播种机的维护与保养

一、播种机的班次维护

每班工作（8~16 小时）结束后，应进行以下维护。

（1）彻底清除传动机构、排种器、开沟器、机架等部位的泥土、杂草，以便检查各部位的技术状态。

（2）检查各部件是否有变形、损坏等，如有要及时修复或更换。

（3）检查排种轮卡箍、开沟器拉杆固定螺栓等紧固部位的紧固情况，若有松动应及时拧紧。

（4）检查和润滑所有传动机构和转动部件，必要时进行调整或修理。

（5）及时清理种子箱、肥料箱里的剩余种肥，防止其腐蚀机件。

（6）盖严种子箱和肥料箱，必要时用苫布遮盖，防止受潮。

（7）落下开沟器，将机体支稳。

二、播种机的保管

播种作业完全结束后，机具要放置很长时间，到下个作业季节时才能使用，做好机具的保管工作，对延长机具的使用寿命有重要意义。为做好机具的保管工作，要注意以下方面。

（1）清除机具上的泥土、油污以及种子箱和肥料箱内的种子、肥料。

（2）拆下开沟器、齿轮、链轮等易磨损零件，清除尘土、油污，对损坏零件进行修理或更换。对易锈部位涂上防锈油，然后装复或分类存放。

（3）清洗轴承和转动部件，在各润滑部位加注足够的润滑油。

（4）对脱漆部位要重新涂上防锈漆。

（5）放松链条、皮带、弹簧等，使之保持自然状态，以免变形。

（6）将开沟器支离地面。将机具停放在干燥通风的库内。塑料和橡胶零件要避免阳光照射和沾染油污，以免加速老化。

第三章 大豆玉米带状复合种植全程机械化技术

第一节 机械化耕整地技术

一、耕整地机械种类

耕地机械包括犁、旋耕机、深松机等；整地机械包括耙、灭茬机、镇压器等。通过耕整地机械对土壤进行疏松、破碎残茬、细碎土块、平整土地，为后续的播种创造适宜的土壤条件。

旋耕机是一种由动力驱动的旋转式耕地机械，以旋转刀进行切土，碎土能力强。旋耕后地表平整、松软，可用于水田、菜园、黏重土壤和季节性强的浅耕灭茬，在播前整地作业中得到广泛应用。

深松机在不翻转土层的前提下，可以打破多年犁耕形成的坚硬犁底层，保证松土效果，以改善土壤的蓄水和通透能力。在开始实施免少耕保护性耕作的地块，可首先进行一次深松作业，以后根据土壤坚实度确定深松作业周期，一般 2~4 年深松一次即可。深松深度根据作物生长需要而定，小麦等密植作物的深松深度为 200~300 毫米，深松间隔为 300~500 毫米；玉米等宽行作物的深松深度为 250~350 毫米，深松间隔为 400~700 毫米。

随着拖拉机功率的增大，耕整地机械向联合作业、复式作业方向发展，如耕耙犁、联合整地机等，机组下田一次，可以完成多项作业，大幅度提高了生产效率，减少了拖拉机对土壤的反复碾轧。

随着技术发展，在耕整地机上应用激光平地技术，可提高平整土地的质量，为后续的均匀灌溉创造条件；安装自动化、信息化、智能化控制装置，当机具遇到问题时可自动调整或发出警报，避免出现安全事故。

二、旋耕机安全使用技术

（一）旋耕机的调整

1. 旋耕前的调整

旋耕机在工作时应保持机架左右水平和前后水平，以保证旋耕机深度一致及工作状况良好。若不水平，需进行调整。

（1）左右水平调整。将旋耕机降低，检查左右两端的刀尖离地高度，若不一致，可通过右提升杆摇把进行调整，使左右耕深一致。

（2）前后水平调整。将旋耕机降到需要的耕深时，观察万向节夹角与旋耕机一轴是否接近水平位置。此调整的目的是使旋耕机下降到要求的耕深时，齿轮箱上的花键轴与动力输出轴即处于水平，使万向节及机组在有利条件下工作，调节方法是改变上拉杆的长度，使齿轮箱达到水平即可。

（3）提升高度的调整。万向节倾斜角度变大时，本身消耗的功率就会很快增大，而且万向节容易损坏。因此，要求万向节在升起时的倾角不超过30°，一般只需刀尖离开地面200毫米左右，即可转弯空行。为了操作方便，应将最高提升位置加以限制，即将拖拉机位调节扇形板上的限位螺钉固定在适当的位置，使每次提升的高度保持不变。

2. 碎土程度的调整

碎土程度与拖拉机前进速度及刀轴转速有关，一般情况下，应通过改变前进速度来调整碎土能力，当旋耕机刀轴转速一定时，加快或减慢拖拉机前进速度，则土块变大或变小。如中间传动箱的速比可以调整，也可以用改变传动箱速比的方法来适应不同的土质和不同型号的拖拉机。

在一般情况下，旱耕作业的前进速度选用 2~3 千米/时；水耕或耙地作业选用 3~5 千米/时。

(二) 旋耕机在田间作业的注意事项

1. 旋耕机行走作业方法

旋耕机行走作业方法有回形和梭形两种，可根据地块面积及形状确定。

2. 开始作业

应将旋耕机处于提升状态，先结合动力输出轴，使刀轴转速增至额定转速，然后下降旋耕机，使刀片逐渐入土至所需深度，以免产生冲击，损坏犁刀。

3. 作业中

旋耕机作业时应根据地块大小、土壤性质、作业要求及驾驶员的操作熟练程度来选择拖拉机速度，既要充分利用拖拉机的功率，又不能长期超负荷。尽量低速慢行，以使土块细碎，同时可减轻机件的磨损。严禁用高挡和倒挡进行作业。清除犁刀上的缠草时，应切断动力或停车。

4. 平时作业

平时作业应注意旋耕机各部分工作情况，检查犁刀及其他部分是否松动或变形时，必须停转旋耕刀，若发现松动或变形要及时紧固或校正。此外，石块、树根、杂草多的地块，不宜用旋耕机进行作业，以防损坏刀片。

5. 地头转弯

在倒车和地头转弯时，应先减油门，并将旋耕机升起，使刀片离开地面，以免损坏刀片。

6. 田间转移

旋耕机田间作业转移地块时，拖拉机应用低挡行驶，犁刀要离开地面，并切断动力。越过田埂、沟渠时，需将旋耕机切断动力，并将旋耕机提升到最高位置。

三、大豆玉米带状复合种植耕整地方式

（一）带状间作土地整理

1. 深松耕

深松耕是指用深松铲或凿形犁等松土农具疏松土壤而不翻转土层的一种深耕方法，通常深度可达 200 毫米以上。适于长期耕翻后形成犁底层、耕层有黏土硬盘或白浆层、土层厚而耕层薄不宜深翻的土地。深松耕的主要作用：①打破犁底层、白浆层或黏土硬盘，加深耕层、熟化底土，利于作物根系深扎；②不翻土层，后茬作物能充分利用原耕层的养分，保持微生物区系，减轻对下层兼性厌氧菌的抑制；③蓄水贮墒，减少地面径流；④保留残茬，减轻风蚀、水蚀。

深松耕方法：①全面深松耕，一般采用"V"形深松铲，优势在于作业后地表无沟，表层破坏不大，但对犁底层破碎效果较弱，消耗动力较大；②间隔深松耕，耕松一部分耕层，另一部分保持原有状态，一般采用凿形深松铲，其深松部分通气良好、接纳雨水，未松的部分紧实能提墒，利于根系生长和增强作物抗逆性。

2. 麦茬免耕

针对西南油（麦）后和黄淮海麦后大豆玉米带状间作，前作收获后应及时抢墒播种大豆、玉米，为创造良好的土壤耕层、保墒护苗、节约农时，多采用麦（油）茬免耕直播方式。

若小麦收获机无秸秆粉碎、均匀还田的功能或功能不完善，小麦收后达不到播种要求，需要进行一系列整理工作，保证播种质量和大豆、玉米的正常出苗。整理分为3种情况。

（1）前作秸秆量大，全田覆盖达30毫米以上，留茬高度超过150毫米，秸秆长度超过100毫米，先用打捆机将秸秆打捆移出，再用灭茬机进行灭茬。

（2）秸秆还田量不大，留茬高度超过150毫米，秸秆呈不均匀分布，需用灭茬机进行灭茬。

（3）留茬高度低于150毫米，秸秆分布不均匀，需用机械或人工将秸秆抛撒均匀即可。整理后的标准为秸秆粉碎长度在100毫米以下，分布均匀。

生产中常常因为收获小麦时对土壤墒情掌握不当造成土壤板结，影响播种质量和大豆、玉米的生长。因此，收获前茬小麦时田间持水量应低于75%，此时小麦联合收割机的碾轧对大豆、玉米播种无显著不良影响。当田间持水量在80%以上时，轮轧带表层土壤坚硬板结，将严重影响大豆、玉米出苗。

（二）带状套作土地整理

1. 玉米带

西南春玉米、夏大豆带状套作区，旱地周年主要作物为玉米、小麦（油菜、马铃薯）、大豆。小麦（油菜、马铃薯）播种季常遇冬季干旱，为保证出苗多采用抢墒免耕播种，夏播大豆为保墒也常采取免耕直播。因此玉米季需深耕细整，第二年玉米带轮作大豆带，实现两年全田深翻一次。小麦、马铃薯、蚕豆等冬季作物带状套种玉米，冬季作物播种后可对未种植的预留空行或冬季休闲地进行深耕晒土，疏松土壤，第二年玉米播种前，结合施基肥，旋耕碎土平整。若预留行种植其他作物，收获后，及时清理，深翻晒土，播前旋耕碎土。

深耕的主要工具为铧犁，有时也用圆盘犁，深耕深度一般为 200~250 毫米较为适宜。旋耕机旋耕深度为 100~120 毫米，是翻耕的补充作业，主要作用是碎土、平整。无套作前作的地块可以不受机型大小限制，若与小麦、蚕豆等冬季作物套作，需选择工作幅宽为 1.2~1.5 米的机型。

2. 大豆带

带状套作大豆一般在 6 月上、中旬播种，夏季抢时，通常采用抢墒板茬（或灭茬）免耕播种。灭茬是指除去收割后遗留在地里的作物根茬杂草等。前茬为小麦，且留茬高度超过 150 毫米，在大豆播种前，利用条带灭茬机灭茬，受播幅影响，需选择工作幅宽为 1.2~1.5 米的机型。前茬为马铃薯等蔬菜作物，只需将秸秆、杂草等清除，无须进行动土作业。

第二节　机械化播种技术

一、品种选择

根据种植制度、水肥条件等因素，选择适宜的品种搭配，大豆应选用耐阴、耐密、抗倒、底荚高度在 100 毫米以上的品种，玉米应选用株型紧凑、适宜密植和机械化收获的高产品种。多熟制地区应注意与前后茬的合理搭配，实现周年均衡优质高产。

二、种床准备

可根据当地大豆、玉米常规种植方式的整地措施进行种床准备。一年多熟地区，前茬作物留茬高度≤100 毫米，秸秆粉碎长度≤100 毫米，大豆播种带应进行灭茬，或选用带灭茬功能的播种机进行灭茬播种。黄淮海地区小麦收获后若墒情适宜，应立即抢墒播种；若墒情较差，应先造墒再播种。

三、播种日期的确定

（一）确定原则

1. 茬口衔接

针对西南、黄淮海多熟制地区，播种时间既要考虑大豆、玉米当季作物的生长需要，还要考虑小麦、油菜等下茬作物的适宜播期，做到茬口顺利衔接和周年高产。

2. 以调避旱

西南夏大豆易出现季节性干旱，为使大豆播种出苗期有效避开持续夏旱影响，应在有效弹性播期内适当延迟播期，并通过增密措施确保高产。

3. 迟播增温

在西北、东北等一熟制地区，带状间作大豆、玉米不覆膜时，需要在有效播期范围内根据土壤温度上升情况适当延迟播期，以确保大豆、玉米出苗后不受冻害。

4. 以豆定播

针对西北、东北等低温地区，播种期需视土壤温度而定，通常 50~100 毫米表层土壤温度稳定在 10 ℃以上、气温稳定在 12 ℃以上是玉米播种的适宜时期，而大豆发芽的适宜表土温度为 12~14 ℃，稍高于玉米。因此，西北、东北带状间作模式的播期应参照当地大豆最适播种时间来确定。

5. 适墒播种

在土壤温度满足的前提下，还应根据土壤墒情适时播种。大豆、玉米播种时的适宜土壤湿度应达到田间持水量的 60%~70%，即手握耕层土壤可成团，自然落地即松散。土壤湿度过高与过低均不利于出苗，黄淮海地区要在小麦收获后及时抢墒播种；如果土壤湿度较低，则需造墒播种，如西北、东北可提前浇灌，再等墒播种。此外，大豆播种后遭遇大雨极易导致土壤板结，子叶顶土困难，西南、黄淮海夏大豆地区应在有效播期内根据当地气象预报适时播种，避开大雨危害。

（二）各生态区域的适宜播期

1. 黄淮海地区

在小麦收获后及时抢墒或造墒播种，有滴灌或喷灌条件的地方可适时早播，以提高夏大豆脂肪含量和产量。黄淮海地区的适宜播期在 6 月中、下旬。

2. 西北、东北地区

根据大豆播期来确定大豆玉米带状间作的适宜播期，在 50 毫米表层土壤温度稳定在 10~12 ℃（东北地区为 7~8 ℃）时开始播种，播期范围为 4 月下旬至 5 月上旬。大豆早熟品种可稍晚播，晚熟品种宜早播；土壤墒情好可晚播，墒情差应抢墒播种。

3. 西南地区

大豆玉米带状套作区域，玉米在当地适宜播期的基础上结合覆膜技术适时早播，争取早收，以缩短大豆、玉米共生时间，减轻玉米对大豆的荫蔽影响，最适播种时间为 3 月下旬至 4 月上旬；大豆以播种出苗避开夏旱为宜，可适时晚播，最适播种期为 6 月上、中旬。大豆玉米带状间作区域，则根据当地春播和夏播的常年播种时间来确定：春播时玉米在 4 月上、中旬播种，大豆同时播或稍晚；夏播时玉米在 5 月下旬至 6 月上旬播种，大豆同时播或稍晚。

四、种子的处理

生产中玉米种子都已包衣，但大豆种子多数未包衣，播前应对种子进行拌种或包衣处理。

（一）种衣剂拌种

选择大豆专用种衣剂，如 6.25% 精甲霜·咯菌腈悬浮种衣剂，或 20.5% 多·福·甲维盐悬浮种衣剂，或 13% 甲霜·多菌灵悬浮种衣剂等。根据药剂使用说明确定使用量，药剂不宜加水稀释，使用拌种机或人工方式进行拌种。种衣剂拌种时也可根据当地微肥缺失情况，协同微肥拌种，每千克大豆种子用硫酸锌 4~6 克、硼砂 2~3 克、硫酸锰 4~8 克，加少许水（硫酸锰可用温水溶解）将其溶解，用喷雾器将溶液喷洒在种子上，边喷边搅拌，拌好后将种子置于阴凉干燥处，晾干后播种。

（二）根瘤菌接种

液体菌剂可以直接拌种，每千克种子一般加入菌剂量为 5 毫升左右；粉状菌剂根据使用说明需加水调成糊状，用水量不宜过大，应在阴凉地方拌种，避免阳光直射杀死根瘤菌。拌好的种子应放在阴凉处晾干，待种子表皮晾干后方可播种，拌好的种子放置时间不要超过 24 小时。用根瘤菌拌种后，不可再拌杀菌剂和杀虫剂。

五、机械播种技术要点

（一）机具选择

根据所选种植模式、机具情况确定相匹配的播种机组，行距、间距、株距、播种深度、施肥量等应调整到位，满足当地农艺要求。如大豆、玉米同期播种，优先选用与一个生产单元相匹配的大豆玉米带状复合种植专用播种机；如大豆、玉米错期播种，可选用单一大豆播种机和玉米播种机分步作业。黄淮海地区前茬秸秆覆盖地表，宜选用大豆带灭茬浅旋播种机，减少晾种和拥堵现象；西北地区，根据灌溉条件和铺膜要求，宜选用具有铺管覆膜功能的播种机；长江中下游地区，根据土壤情况，宜选用具有开沟起垄功能的播种机；西南地区，选用具有密植分控和施肥功能的播种机。

(二) 规范作业

大面积作业前，应进行试播，查验播种作业质量、调整机具参数，播种深度和镇压强度应根据土壤墒情变化适时调整。作业时，应注意适当减慢作业速度，提高小穴距条件下播种作业质量，一般勺轮式排种器作业速度为 3~4 千米/时，指夹式排种器为 5~6 千米/时，气力式排种器为 6~8 千米/时，同时注意保持衔接行距均匀一致。

(三) 技术要点

1. 黄淮海地区

大豆播种平均种植密度为 8 000~10 000 株/亩。玉米播种调整行距接近 400 毫米，调整株距至 100~120 毫米，平均种植密度为 4 500~5 000 株/亩，并增大玉米单位面积施肥量，确保玉米单株施肥量与净作相当。

2. 西北地区

该地区覆膜打孔播种机应用广泛，应注意适当减慢作业速度，防止地膜撕扯，保证两种作物种子均能准确入穴。大豆可采用一穴 2~3 粒的播种方式，平均种植密度为 11 000~12 000 株/亩。玉米调整行距接近 400 毫米，通过改变鸭嘴数量将株距调整至 100~120 毫米，平均种植密度为 4 500~5 000 株/亩，并增大玉米单位面积施肥量，确保玉米单株施肥量与净作相当。

3. 西南和长江中下游地区

该区域大豆玉米间套作应用面积较大。大豆播种可在 2 行玉米播种机上增加 1~2 个播种单体，株距调整至 90~100 毫米，平均种植密度为 9 000~10 000 株/亩。玉米播种调整行距接近

400 毫米，株距调整至 120~150 毫米，平均种植密度为 4 000~
4 500株/亩，并增大玉米单位面积施肥量，确保玉米单株施肥量
与净作相当。

第三节　机械化除草与病虫害防治技术

一、杂草防除

（一）杂草防控策略

大豆玉米带状复合种植杂草防除坚持综合防治原则，充分发
挥翻耕旋耕除草、地膜覆盖除草等农业、物理措施的作用，降低
田间杂草发生基数，减轻化学除草压力。使用除草剂坚持"播后
苗前土壤封闭处理为主、苗后茎叶喷施处理为辅"的施用策略，
根据不同区域特点、不同种植模式，既要考虑当茬大豆、玉米生
长安全，又要考虑下茬作物和来年大豆玉米带状复合种植轮作倒
茬安全，科学合理选用除草剂品种和施用方式。

1. 因地制宜

各地要根据播种时期、种植模式、杂草种类等制订杂草防治
技术方案，因地制宜科学选用适宜的除草剂品种和使用剂量，开
展分类精准指导。

2. 治早治小

应优先选用播后苗前土壤封闭处理除草方式，减轻苗后除草
压力。苗后除草以出苗期和幼苗期为重点，此时杂草与作物开始
竞争，也是杂草最敏感脆弱的阶段，除草效果好。

3. 安全高效

杂草防除使用的除草剂品种要确保高效、低毒、低残留，对
环境友好，确保本茬大豆、玉米及周边作物的生长安全，同时对

下茬作物不会造成影响。

（二）除草剂的使用技术

1. 大豆玉米带状套作

主要在西南地区，降水充沛，杂草种类多，防除难度大。玉米先于大豆播种，除草剂使用应封杀兼顾。玉米播后苗前选用精异丙甲草胺（或乙草胺）+噻吩磺隆等药剂进行土壤封闭处理，如果玉米播前田间已经有杂草的可用草铵膦喷雾。土壤封闭效果不理想需茎叶喷雾处理的，可在玉米苗后 3~5 叶期选用烟嘧磺隆+氯氟吡氧乙酸（或二氯吡啶酸、灭草松）定向（玉米种植区域）茎叶喷雾。

大豆播种前 3 天，根据草相选用草铵膦、精喹禾灵、灭草松等在田间空行进行定向喷雾，播后苗前选用精异丙甲草胺（或乙草胺）+噻吩磺隆等药剂进行土壤封闭处理。土壤封闭效果不理想需茎叶喷雾处理的，在大豆 3~4 片三出复叶期选用精喹禾灵（或高效氟吡甲禾灵、精吡氟禾草灵、烯草酮）+乙羧氟草醚（或灭草松）定向（大豆种植区域）茎叶喷雾。

2. 大豆玉米带状间作

主要在西南、黄淮海、长江中下游和西北地区。大豆玉米同期播种，除草剂使用以播后苗前封闭处理为主。选用精异丙甲草胺（或异丙甲草胺、乙草胺）+唑嘧磺草胺（或噻吩磺隆）等药剂进行土壤封闭。

土壤封闭效果不理想需茎叶喷雾处理的，可在玉米苗后 3~5 叶期，大豆 2~3 片三出复叶期，杂草 2~5 叶期，根据当地草情，选择大豆、玉米专用除草剂实施茎叶定向除草（要采用物理隔帘将大豆、玉米隔开施药）。后期对于难防杂草可人工拔除。

黄淮海地区：麦收后田间杂草较多，在大豆、玉米播种前，先用草铵膦进行喷雾处理，灭杀已经出苗的杂草。在大豆、玉米播种后立即进行土壤封闭处理，土壤封闭施药后，可结合喷灌、降水或灌溉等措施，将小麦秸秆上黏附的药剂淋溶到土壤表面，提高封闭效果。

西北地区：推广采用黑色地膜覆膜除草技术，降低田间杂草发生基数。在没有覆膜的田块，播后苗前进行土壤封闭处理。结合苗后大豆、玉米专用除草剂定向喷雾。

（三）除草剂使用注意事项

（1）优先选用噻吩磺隆、唑嘧磺草胺、灭草松、精异丙甲草胺、异丙甲草胺、乙草胺、二甲戊灵 7 种同时登记在玉米和大豆上的除草剂。土壤有机质含量在 3% 以下时，选择除草剂登记剂量低量；土壤有机质含量在 3% 以上时，选择除草剂登记剂量高量。喷施除草剂时，应保证喷洒均匀，干旱时土壤处理每亩用水量在 40 升以上。

（2）在选择茎叶处理除草剂时，要注意选用对邻近作物和下茬作物安全性高的除草剂品种。精喹禾灵、高效氟吡甲禾灵、精吡氟禾草灵和烯草酮等药剂飘移易导致玉米药害；氯氟吡氧乙酸和二氯吡啶酸等药剂飘移易导致大豆药害；莠去津、烟嘧磺隆易导致大豆、小麦、油菜残留药害；氟磺胺草醚对下茬玉米不安全。

（3）如果发生除草剂药害，可在作物叶面及时喷施吲哚丁酸、芸苔素内酯、赤霉酸等，可在一定程度上缓解药害。同时，应加强水肥管理，促根壮苗，增强抗逆性，促进作物快速恢复生长。

（4）使用喷杆喷雾机定向喷雾时，应加装保护罩，防止除草剂飘移到邻近作物，同时应注意防止除草剂径流到邻近其他作物。喷雾器械使用前应彻底清洗，以防残存药剂导致作物产生药害。

（5）喷洒除草剂时，要注意风力、风向及晴雨等天气变化。选择晴天无风且最低气温不低于 4 ℃时用药，喷药时间选择上午 10 点前和下午 4 点后最佳，夏季高温季节中午不能喷药。阴雨天、大风天禁止用药，以防药效降低及雾滴飘移产生药害。

（四）机械化除草的技术要点

机械化除草，主要采用播后苗前土壤封闭处理和苗后定向茎叶喷药相结合的方法，以苗前封闭除草为主，减轻苗后除草压力。

1. 封闭除草技术要点

播后苗前（播后 2 天内）根据不同地块杂草类型选择适宜的除草剂，使用喷杆喷雾机进行土壤封闭喷雾，喷洒均匀，在地表形成药膜。

2. 苗期除草技术要点

大豆和玉米分别为双子叶作物和单子叶作物，苗期除草应做好物理隔离，避免产生药害。优先选用自走式双系统分带喷杆喷雾机（图 3-1）等专用植保机械，其次选用增设塑料薄膜的分带喷杆喷雾机（图 3-2），实现大豆、玉米分带同步植保作业；也可选用加装隔板（隔帘、防护罩）的普通自走式喷杆喷雾机，实现大豆、玉米分带分步植保作业。苗后玉米 3~5 叶期、大豆 2~3 片三出复叶期，根据杂草情况对大豆、玉米分带定向喷施除草剂。除草时应选择无风天气，并压低喷头，防止除草剂飘移到邻近行的大豆带或玉米带。

二、病虫害防治

（一）防治思路

以大豆、玉米复合种植模式为主线，以间（套）作期两种

图 3-1　自走式双系统分带喷杆喷雾机

图 3-2　增设塑料薄膜的分带喷杆喷雾机

作物主要病虫害协调防控为重点，综合应用农业防治、生态调控、理化诱控、生物防治和科学用药等防控措施，实施病虫害全程综合防治，切实提高防治效果，降低病虫为害损失。

（二）防治重点

1. 西南间（套）作种植模式区

大豆：炭疽病、根腐病、病毒病、锈病，斜纹夜蛾、蚜虫、豆秆黑潜蝇、豆荚螟、地下害虫、高隆象等。玉米：纹枯病、大斑病、灰斑病、穗腐病，草地贪夜蛾、玉米螟、黏虫（二代、三代）、地下害虫等。

2. 西北间作模式区

大豆：病毒病、根腐病，蚜虫、大豆食心虫、豆荚螟、地下害虫等。玉米：大斑病、茎腐病、灰斑病，黏虫（二代、三代）、玉米螟、双斑长跗萤叶甲、红蜘蛛、地下害虫等。

3. 黄淮海间作模式区

大豆：根腐病、拟茎点种腐病、霜霉病，点蜂缘蝽、蚜虫、烟粉虱、斜纹夜蛾、豆秆黑潜蝇、大豆食心虫、豆荚螟、地下害虫等。玉米：南方锈病、茎腐病、穗腐病、褐斑病、弯孢菌叶斑病、小斑病、粗缩病，草地贪夜蛾、玉米螟、棉铃虫、黏虫（二代、三代）、桃蛀螟、玉米蚜虫、二点委夜蛾、蓟马等。

（三）全程综合防控技术

加强调查监测，及时掌握病虫害发生动态，做到早发现、早防治。在病虫害防控关键时期，采用植保无人机、高秆喷雾机等喷施高效低风险农药，提高防控效果，控制病虫发生为害。

1. 播种期

在确定适用的复合种植模式的基础上，选择适合当地的耐密、耐阴、抗病虫品种，合理密植，做好种子处理，预防病虫为害。种子处理以防治大豆根腐病、大豆拟茎点种腐病、玉米茎腐病、玉米丝黑穗病等土传种传病害和地下害虫、草地贪夜蛾、蚜虫等苗期害虫为主，选择含有精甲·咯菌腈、丁硫·福美双、噻虫嗪·噻呋酰胺等成分的种衣剂进行种子包衣或拌种。不同区域应根据当地主要病虫种类选择相应的药剂进行种子处理，必要时可对大豆、玉米包衣种子进行二次拌种，以弥补原种子处理配方的不足。

2. 苗期—玉米抽雄期（大豆分枝期）

此期重点防治玉米螟、桃蛀螟、蚜虫、烟粉虱、红蜘蛛、豆秆黑潜蝇、斜纹夜蛾、蜗牛、叶斑病、大豆锈病等。一是采取理化诱控措施，在玉米螟、桃蛀螟、斜纹夜蛾等成虫发生期使用杀虫灯结合性诱剂诱杀害虫；二是针对棉铃虫、斜纹夜蛾、金龟子等害虫，自田间出现开始，采用生物防治措施，优先选用苏云金杆菌、球孢白僵菌、甘蓝夜蛾核型多角体病毒、金龟子绿僵菌等生物制剂进行喷施防治；三是在田间棉铃虫、斜纹夜蛾、桃蛀螟、蚜虫、红蜘蛛等害虫发生密度较大时，于幼（若）虫发生初期，选用四氯虫酰胺、甲氨基阿维菌素苯甲酸盐、乙基多杀菌素、茚虫威等杀虫剂喷雾防治；四是根据叶斑病、锈病等病害发生情况，选用吡唑醚菌酯、戊唑醇等杀菌剂喷雾防治。

3. 开花—成熟期

此期是大豆保荚、玉米保穗的关键时期。在前期防控的基础上，根据大豆锈病、叶斑病、豆荚螟、大豆食心虫、点蜂缘蝽、斜纹夜蛾，玉米大斑病、小斑病、锈病、褐斑病、钻蛀性害虫等发生情况，针对性选用枯草芽孢杆菌、井冈霉素A、苯醚甲环唑、丙环·嘧菌酯等杀菌剂和氯虫苯甲酰胺、高效氯氟氰菊酯、溴氰菊酯或者含有噻虫嗪成分的杀虫剂喷施，兼治大豆、玉米病虫害。根据玉米生长后期植株高大的情况，宜利用高秆喷雾机或植保无人机进行防治。

注意事项：采用植保无人机施药时要注意添加增效剂、沉降剂，保证每亩1.5~2.0升的药液量。特别是防治害虫时，要抓住低龄幼虫防控最佳时期,以保苗、保芯、保产为目标开展统防统治。收获后及时进行秸秆粉碎或者打包处理,以减少田间病残体和虫源数量。

第四节 机械化水肥管理技术

一、水分管理

(一) 大豆玉米吸水规律

大豆玉米带状复合种植系统中,作物优先在自己的区域吸收水分,玉米带2行玉米,行距窄,根系多而集中,对玉米行吸收水分较多,大豆带植株个体偏小,属于直根系,对浅层水分吸收少,对深层水吸收较多。可见,大豆、玉米植株对土壤水分吸收不同是土壤水分分布不均的原因之一。同时,玉米带行距窄导致穿透降水偏少,而大豆带受高大玉米植株影响小,获得的降水较多,导致大豆玉米带状复合种植水分分布特点有别于单作玉米和单作大豆。大豆玉米带状复合种植在200~400毫米土层范围的土壤含水量分布为玉米带<玉豆带间<大豆带。大豆玉米带状复合种植水分利用率高于单作玉米和单作大豆。

(二) 灌溉与保墒

灌区大豆玉米带状复合种植要充分考虑大豆、玉米对水分的需求,统筹考虑灌水时期和灌水量,协调好大豆头水灌水早、玉米头水灌水迟的矛盾,尽量协调既能满足大豆又能同时兼顾玉米迟灌头水促蹲苗壮苗的要求。为保证大豆正常生长且不影响玉米蹲苗,适当将大豆玉米带状复合种植头水灌水时期较正常略有提前,一般根据当季降水情况及土壤墒情可以考虑提前一周左右,通常在6月上旬末期至6月中旬根据具体情况确定是否灌溉。

大豆玉米带状复合种植采取高效节水灌溉，全生育期应用水肥一体化技术，未灌冬水地块干播湿出，冬灌地块待出苗后根据大豆、玉米长势和当地土壤类型质地适时确定灌水周期和灌水量，一般玉米全生育期灌水 200~220 米³/亩，大豆全生育期灌水 160~200 米³/亩。干播湿出灌水 1 次，灌水量 20~25 米³/亩，苗期 1~2 次，每次 15~20 米³/亩，拔节期—抽雄期 5~7 天 1 次，每次 20~25 米³/亩；抽穗期—籽粒形成期 5~7 天 1 次，每次 25~30 米³/亩，玉米灌浆期—乳熟期和大豆结荚灌浆期根据降水情况决定是否灌溉，一般 7~10 天 1 次，每次 20~25 米³/亩。

旱作区大豆玉米带状复合种植，覆膜保墒是关键。为确保大豆、玉米安全出苗，旱作区要根据气候变化选用早春覆膜或结合降水适时抢墒覆膜，尽最大可能将天然降水储存在土壤中。若采取播期覆膜，由于春季气温偏高、天气多风，整地覆膜同步进行，原则上整完地后不能过夜，坚决杜绝先整地后覆膜，确保大豆、玉米播种后有足够墒情保证出全苗。大豆、玉米出苗后要进行田间检查，避免因播种孔错位造成种苗烧伤，根据大豆、玉米生育进程，结合降水情况适时进行玉米追肥。

（三）水肥一体化滴灌系统

大豆、玉米生长期应根据田间土壤水分和生长情况加强水肥管理，有条件的地方可采用水肥一体化滴灌方式精准灌溉施肥。精准灌溉施肥是指根据大豆和玉米生育进程中需水量、需肥量的不同分别灌溉，通过铺设两条支管，将大豆、玉米的毛管分别接到不同的支管，实现灌水、施肥分离。

滴灌是指按照作物需求，将具有一定压力的水过滤后经毛管上的孔口或滴头以水滴的形式缓慢而均匀地滴入植物根部附近土壤的一种灌水技术。滴灌适用于黏土、砂壤土、轻壤土等，也适用于各种复杂地形。

滴灌系统（图3-3）主要由水源工程、首部枢纽工程、输配水管网、灌水器4个部分组成。

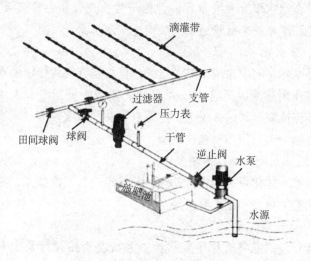

图3-3　滴灌系统组成示意图

1. 水源工程

在生产中可能的水源有河流水、湖泊水、水库水、塘堰水、沟渠水、泉水、井水、水窖（窖）水等，只要水质符合要求，均可作为滴灌的水源，但这些水源经常不能被滴灌工程直接利用，或流量不能满足滴灌用水量要求，此时需要根据具体情况修建一些相应的引水、蓄水和提水工程，统称为水源工程。

2. 首部枢纽工程

首部枢纽是整个滴灌系统的驱动、检测和控制中枢，主要由水泵、动力机、过滤器、施肥装置、控制阀门、进排气阀、压力表、流量计等设备组成。其作用是从水源中取水，经加压过滤后输送到输配管网中去，并通过压力表、流量计等测量设备监测系统运行情况。

3. 输配水管网

输配水管网的作用是将首部枢纽处理过的水按照要求输送分配到每个灌水单元和灌水器。包括干管、支管和毛管三级管道。毛管是滴灌系统末级管道，安装或连接灌水器。

4. 灌水器

灌水器是滴灌系统中最关键的部件，是直接向作物灌水的设备，其作用是消除毛管中压力水流的剩余能量，将水流变为水滴、细流或喷洒状施入土壤，主要有滴头、滴灌带等。滴灌系统的灌水器大多数用塑料注塑成型。

(四) 水肥一体化系统操作

水肥一体化系统操作包括运行前的准备、灌溉操作、施肥操作、轮灌组更替和结束灌溉等工作。

1. 运行前的准备

运行前的准备工作主要是检查系统是否按设计要求安装到位，检查系统主要设备和仪表是否正常，对损坏或漏水的管段及配件进行修复。

（1）检查水泵与电机。检查水泵与电机所标示的电压、频率与电源电压是否相符，检查电机外壳接地是否可靠，检查电机是否漏油。

（2）检查过滤器。检查过滤器安装位置是否符合设计要求，是否有损坏，是否需要冲洗。介质过滤器在首次使用前，首先在罐内注满水并放入 1 包氯球，搁置 30 分钟后按正常使用方法各反冲 1 次。此次反冲也可预先搅拌介质，使之颗粒松散，接触面展开。然后充分清洗过滤器的所有部件，紧固所有螺丝。离心式过滤器冲洗时打开压盖，将沙子取出冲净即可。网式过滤器手工清洗时，扳动手柄，放松螺杆，打开压盖，取出滤网，用软刷子刷洗筛网上的污物并用清水冲洗干净。叠片过滤器要检查和更换变形叠片。

（3）检查肥料罐或注肥泵。检查肥料罐或注肥泵的零部件是否与系统连接正确，清除罐体内的积存污物以防进入管道系统。

（4）检查其他部件。检查所有的末端竖管是否有折损或堵头丢失，前者取相同零件修理，后者补充堵头。检查所有阀门与压力调节器是否启闭自如，检查管网系统及其连接微管，如有缺损应及时修补。检查进排气阀是否完好，并打开。关闭主支管道上的排水底阀。

（5）检查电控柜。检查电控柜的安装位置是否得当。电控柜应防止阳光照射，并单独安装在隔离单元内，要保持电控柜房间的干燥。检查电控柜的接线和保险是否符合要求，是否有接地保护。

2. 灌溉操作

水肥一体化系统包括单户系统和组合系统。组合系统需要分组轮灌。系统的简繁程度、灌溉作物的类型和土壤条件不同都会影响灌溉操作。

（1）管道充水试运行。在灌溉季节首次使用时，必须进行管道充水试运行。充水前应开启排污阀或泄水阀，关闭所有控制阀门，在水泵运行正常后缓慢开启水泵出水管道上的控制阀门，然后从上游至下游逐条冲洗管道，充水过程中应观察排气装置的工作是否正常。管道冲洗后应缓慢关闭泄水阀。

（2）水泵启动。要保证动力机在空载或轻载下启动。启动水泵前，关闭总阀门，并打开准备灌水的管道上所有排气阀排气，启动水泵向管道内缓慢充水。启动后观察和倾听设备运转是否有异常声音，在确认启动正常的情况下，缓慢开启过滤器及控制田间所需灌溉的轮灌组的田间控制阀门，开始灌溉。

（3）观察压力表和流量表。观察过滤器前后的压力表读数差异是否在规定的范围内，压差读数达到 7 米水柱，说明过滤器内堵塞严重，应停机冲洗。

（4）冲洗管道。新安装的管道（特别是滴灌管）第一次使用时，要先放开管道末端的堵头，充分放水冲洗各级管道系统，把安装过程中集聚的杂质冲洗干净后，封堵末端堵头，然后才能开始使用。

（5）田间巡查。要到田间巡回检查轮灌区的管道接头和管道是否漏水，各个灌水器是否正常。

3. 施肥操作

施肥过程是伴随灌溉同时进行的，施肥操作在灌溉进行 20～30 分钟后开始，并确保在灌溉结束前 20 分钟内结束，这样可以保证对灌溉系统的冲洗和尽可能地减少化学物质对灌水器的堵塞。

施肥操作前要按照施肥方案将肥料准备好，对于溶解性差的肥料可先将肥料溶解在水中。

4. 轮灌组更替

根据水肥一体化灌溉施肥制度，观察水表水量确定达到要求的灌水量时，更换下一轮灌组地块，注意不要同时打开所有分灌阀。首先打开下一轮灌组的阀门，然后关闭第一个轮灌组的阀门，最后进行下一轮灌组的灌溉。操作步骤按以上重复。

5. 结束灌溉

所有地块灌溉施肥结束后，先关闭灌溉系统水泵开关，然后关闭田间的各开关。对过滤器、施肥罐、管路等设备进行全面检查，达到下一次正常运行的标准。注意冬季灌溉结束后要把田间位于主支管道上的排水阀打开，将管道内的水尽量排尽，以避免管道留有积水冻裂管道，此阀门冬季不必关闭。

二、施肥管理

(一) 施肥原则

大豆玉米带状复合种植系统的肥料施用必须坚持"减量、协同、高效、环保"的总方针。减量体现在减少氮肥用量、保证磷钾肥用量，减少大豆用氮量、保证玉米用氮量；协同则要求肥料施用过程中将大豆、玉米统筹考虑，相对单作作物不单独增加施肥作业环节和工作量，实现一体化施肥；高效与环保要求肥料产品及施肥工具必须确保高效利用，降低氮、磷损失。在此指导下，根据大豆玉米带状复合种植的作物需肥特点及共生特性，施肥时遵守"一施两用、前施后用、生 (物肥) 化 (肥) 结合"的原则。

1. 一施两用

在满足主要作物玉米需肥时兼顾大豆氮、磷、钾需要，实现一次施肥，大豆、玉米共同享用。

2. 前施后用

为减少施肥次数，有条件的地方尽量选用缓释肥或控释肥，实现底 (种) 肥、追肥合一，前施后用。

3. 生 (物肥) 化 (肥) 结合

大豆玉米带状复合种植的优势之一就是利用根瘤固氮。大豆结瘤过程中需要一定数量的"起爆氮"，但土壤氮素过高又会抑制结瘤。因此，施肥时既要根据玉米需氮量施足化肥，又要根据当地土壤根瘤菌存活情况对大豆进行根瘤菌接种，或施用生物 (菌) 肥，以增强大豆的结瘤固氮能力。

(二) 施肥量的计算

为充分发挥大豆的固氮能力，提高作物的肥料利用率，大豆玉米带状复合种植亩施氮量比单作玉米、单作大豆的总施氮量可降低 4 千克，须保证玉米单株施氮量与单作相同。

大豆玉米带状间作区的玉米选用高氮缓控释肥，每亩施用 50~65 千克（折合纯氮 14~18 千克/亩，如 $N-P_2O_5-K_2O = 28-8-6$）；大豆选用低氮缓控释肥，每亩施用 15~20 千克（折合纯氮 2~3 千克/亩，如 $N-P_2O_5-K_2O = 14-15-14$）。

大豆玉米带状套作区播种玉米时每亩施 20~25 千克玉米专用复合肥（$N-P_2O_5-K_2O = 28-8-6$）；玉米大喇叭口期结合机播大豆，距离玉米行 20~25 厘米处每亩追施复合肥 40~50 千克（折合纯氮 6~7 千克/亩，如 $N-P_2O_5-K_2O = 14-15-14$），实现大豆玉米肥料共用。

（三）施肥的方式

1. 氮磷钾的施肥方式

带状复合种植下的大豆、玉米氮磷钾施肥不能按照传统单作施肥习惯，而需统筹考虑，且需结合播种施肥机一次性完成播种施肥作业，根据各生态区气候土壤与生产特性差异，可采用以下 3 种施肥方式。

（1）一次性施肥方式。黄淮海、西北及西南大豆玉米带状间作地区可采用一次性施肥方式，在播种时以种肥形式全部施入，肥料以大豆、玉米专用缓释肥或复合肥为主，如玉米专用复合肥或控释肥（$N-P_2O_5-K_2O = 28-8-6$），每亩施用 50~70 千克；大豆专用复合肥（$N-P_2O_5-K_2O = 14-15-14$），每亩施用 15~20 千克。利用 2BYSF-5（6）型大豆玉米间作播种施肥机一次性完成播种施肥作业，玉米施肥器位于玉米带两侧 150~200 毫米开沟、大豆施肥器则在大豆带内行间开沟，各施肥单体下肥量参照表 3-1。

表3-1 玉米种肥施肥单体下肥量及计算方法速查表

单位：千克/10米

复合肥含氮百分率（%）	全田平均行距（毫米）								
	1 000	1 050	1 100	1 150	1 200	1 250	1 300	1 350	1 400
20	0.90	0.94	0.99	1.03	1.08	1.12	1.17	1.21	1.26
21	0.85	0.90	0.94	0.98	1.03	1.07	1.11	1.15	1.20
22	0.81	0.85	0.89	0.93	0.97	1.01	1.05	1.09	1.13
23	0.78	0.82	0.86	0.90	0.94	0.97	1.01	1.05	1.09
24	0.75	0.79	0.82	0.86	0.90	0.94	0.97	1.01	1.05
25	0.72	0.76	0.79	0.83	0.86	0.90	0.94	0.97	1.01
26	0.69	0.72	0.76	0.79	0.83	0.86	0.90	0.93	0.97
27	0.66	0.69	0.73	0.76	0.79	0.82	0.86	0.89	0.92
28	0.64	0.68	0.71	0.74	0.77	0.80	0.81	0.84	0.87
29	0.61	0.65	0.68	0.71	0.74	0.77	0.80	0.83	0.86
30	0.60	0.63	0.66	0.69	0.72	0.75	0.78	0.81	0.84

（2）两段式施肥方式。西南、西北带状间作区可根据当地整地习惯选择不同施肥方式。一种是底肥+种肥，适合需要整地的春玉米带状间作春大豆模式，底肥采用全田撒施低氮复合肥（$N-P_2O_5-K_2O=14-15-14$），用氮量以大豆需氮量为上限（每亩不超过4千克纯氮）；播种时，利用施肥播种机对玉米添加种肥，玉米种肥以缓释肥为主，施肥量参照当地单作玉米单株用肥量，大豆不添加种肥。另一种是种肥+追肥，适合不整地的夏玉米带状间作夏大豆模式，播种时，利用大豆玉米带状间作施肥播种机分别施肥，大豆施用低氮量复合肥，玉米按当地单作玉米总需氮量的一半（每亩6~9千克纯氮）施加玉米专用复合肥；待玉米大喇叭口期时，追施尿素或玉米专用复合肥（每亩6~9千克纯

氮）。计算方法：

$$亩用肥量（千克/亩）= \frac{每亩施纯氮量×100}{复合肥含氮百分率} \tag{3-1}$$

$$每个播种单体10米下肥量（千克/10米）=$$

$$\frac{亩用肥量（千克）×10米×\left[\dfrac{平均行距（厘米）}{100}\right]}{667米^2} \tag{3-2}$$

按每亩种肥 12 千克纯氮计，每增加（减少）1 千克纯氮，每 10 米下肥量增加（减少）75 克。

西南大豆玉米带状套作区，采用种肥与追肥两段式施肥方式，即玉米播种时每亩施 25 千克玉米专用复合肥（$N-P_2O_5-K_2O=28-8-6$），利用玉米播种施肥机同步完成施肥播种作业；玉米大喇叭口期将玉米追肥和大豆底肥结合施用，每亩施纯氮 7~9 千克、五氧化二磷 3~5 千克、氯化钾 3~5 千克，肥料选用氮磷钾含量与此配比相当的颗粒复合肥（$N-P_2O_5-K_2O=14-15-14$），每亩施用 45 千克，在玉米带外侧 15~25 厘米处开沟施入，或利用 2BYSF-3 型大豆施肥播种机同步完成施肥播种作业。

（3）三段式施肥方式。针对西北、东北等大豆玉米带状间作不能施加缓释肥的地区，采用底肥、种肥与追肥三段式施肥方式。

底肥以低氮量复合肥与有机肥结合，每亩纯氮不超过 4 千克，磷钾肥用量可根据当地单作大豆、玉米施用量确定，可采用带状复合种植专用底肥（$N-P_2O_5-K_2O=14-15-14$），每亩撒施 25 千克（折合纯氮 3.5 千克/亩）；有机肥可利用当地较多的牲畜粪尿，每亩 300~400 千克，结合整地深翻土中，有条件的地方可添加生物有机肥，每亩 25~50 千克。

种肥仅针对玉米施用，每亩施氮量 10~14 千克，选用带状间作玉米专用种肥（$N-P_2O_5-K_2O=28-8-6$），每亩 40~50 千克，利用大豆玉米带状间作施肥播种机同步完成播种施肥作业。

追肥，通常在基肥与种肥不足时施用，可在玉米大喇叭口期对长势较弱的地块利用简易式追肥器在玉米两侧（150~250毫米）追施尿素10~15千克（具体用氮量可根据总需氮量和已施氮量计算），切忌在灌溉地区将肥料混入灌溉水中对田块进行漫灌，否则造成大豆因吸入大量氮肥而疯长，花荚大量脱落，植株严重倒伏，产量严重下降。

2. 微肥的施肥方式

微肥施用通常有基施、种子处理与叶面喷施3种方法，对于土壤缺素普遍的地区通常以基施和种子处理为主，其他零星缺素田块以叶面喷施为主。施用时，根据土壤中微量元素缺失情况进行补施，缺什么补什么，如果多种微量元素缺失则同时添加，施用时大豆、玉米同步施用。

（1）基施。适合基施的微肥主要有锌肥、硼肥、锰肥、铁肥，适合于西北、东北等先整地后播种的大豆玉米带状间作地区，采用与有机肥或磷肥混合作基肥同步施用。每亩施硫酸锌1~2千克、硫酸锰1~2千克、硫酸亚铁5~6千克、硼砂0.3~0.5千克，与腐熟农家肥或其他磷肥、有机肥等混合施入垄沟内或条施。硼砂作基肥时不可直接接触玉米或大豆种子，不宜深翻或撒施，不要过量施用，否则会降低出苗率，甚至死苗减产；基施硼肥后效果明显，不需要每年施用。

（2）叶面喷施。在免耕播种地区，对于前期未进行微肥基施或种子处理的田块，可视田间缺素症状及时采用叶面混合一次性喷施方式进行根外追肥。在玉米拔节期或大豆开花初期、结荚初期各喷施1次0.1%~0.3%的硫酸锌、硼砂、硫酸锰和硫酸亚铁混合溶液，每亩施用药液40~50千克。锰肥喷施时可在稀释后的药液中加入0.15%的熟石灰，以免烧伤作物叶片；铁肥喷施时可配合适量尿素，以提高施用效果。

此外，针对大豆苗期受玉米荫蔽影响、植株细小易倒伏等问题，可在带状套作大豆苗期（V1 期，第一片三出复叶全展）喷施离子钛复合液，原液浓度为每升 4 克，施用时将原液稀释 1 000~1 500倍，即 10 毫升（1 瓶盖）原液加水 10~15 千克搅匀后喷施。针对大豆缺钼导致根瘤生长不好、固氮能力下降等问题，可在大豆开花初期、结荚初期喷施 0.05%~0.1% 的钼酸铵液，每亩施用药液 30~40 千克。

第五节 机械化减损收获技术

一、适宜收获期确定

适期收获是机械化收获减损的关键，根据作物品种、成熟度、籽粒含水率及气候等条件，确定两种作物收获期，并适期收获，过早或过晚收获会对作物产量和品质造成不利影响。

（一）大豆适宜收获期

大豆适宜收获期是在黄熟期后至完熟期，此时大豆叶片脱落 80% 以上，豆荚和籽粒均呈现出原有品种的色泽，籽粒含水率下降到 15%~25%，茎秆含水率为 45%~55%，豆粒归圆，植株变成黄褐色，茎和荚变成黄色，用手摇动植株会发出清脆响声。大豆收获作业应选择早、晚露水消退时间段进行，避免产生"泥花脸"；应避开中午高温时段，减少收获炸荚损失。

（二）玉米适宜收获期

玉米适宜收获期在完熟期，此时玉米植株的中、下部叶片变黄，基部叶片干枯，果穗变黄，苞叶干枯呈黄白色而松散，籽粒脱水变硬、乳线消失、微干缩凹陷，籽粒基部（胚下端）出现黑帽层，并呈现出品种固有的色泽。采用果穗收获，玉米籽粒含水率一般为 25%~35%；采用籽粒直收方式，玉米籽粒含水率一般为 15%~25%。

二、收获方式及适宜机型

根据大豆、玉米成熟顺序差异，收获方式可分为：先收大豆后收玉米方式、先收玉米后收大豆方式、大豆玉米分步同时收获等。根据种植模式、带宽行距、地块大小、作业要求选择适宜的收获机。

(一) 先收大豆后收玉米方式

该方式适用于大豆先于玉米成熟的地区，主要包括黄淮海、西北等的间作区。作业时，先选用适宜的窄型大豆收获机进行大豆收获作业，再选用两行玉米收获机或常规玉米收获机（两行以上玉米收获机）进行玉米收获作业。

大豆收获机机型应根据大豆带宽和相邻两玉米带之间的带宽选择，轮式和履带式均可，应做到不漏收大豆、不碾轧或夹带玉米植株。大豆收获机割台幅宽一般应大于大豆带宽度 400 毫米（两侧各 200 毫米）以上，整机外廓尺寸应小于相邻两玉米带带宽 200 毫米（两侧各 100 毫米）以上。以大豆玉米带间距 700 毫米、大豆行距 300 毫米为例，"3+2" 种植模式应选择 1 米≤幅宽<1.7 米、整机宽度<1.8 米的大豆收获机，"4+2" 种植模式应选择 1.3 米≤幅宽<2 米、整机宽度<2.1 米的大豆收获机。窄型大豆收获机宜装配浮式仿形割台，幅宽 2 米以上大豆收获机宜装配专用挠性割台，割台离地高度<50 毫米，实现贴地收获作业，使低节位豆荚进入割台，降低收获损失率。

玉米收获时，大豆已收获完毕，玉米收获机机型选择范围较大，可选用两行玉米收获机对行收获；也可选用当地常规玉米收获机减幅作业。

（二）先收玉米后收大豆方式

该方式适用于玉米先于大豆成熟的地区，主要包括西南地区的套作区和长江流域、华北地区的间作区。作业时，先选用适宜的两行玉米收获机进行玉米收获作业，再选用窄型大豆收获机或当地常规大豆收获机（幅宽2米以上）进行大豆收获作业。

玉米收获机机型应根据玉米带的行数、行距和相邻两大豆带之间的宽度选择，轮式和履带式均可，应做到不碾轧或损伤大豆植株，以免造成炸荚、增加损失。玉米收获机轮胎（履带）外沿与大豆带距离一般应大于150毫米。以大豆玉米带间距700毫米、玉米行距400毫米的"3+2"和"4+2"种植模式为例，应选择轮胎（履带）外侧间距<1.5米、整机宽度<1.7米的两行玉米收获机；也可选用高地隙跨带玉米收获机，先收两带4行玉米。

大豆收获时，玉米已收获完毕，大豆收获机机型选择范围较大，可选用幅宽与大豆带宽相匹配的大豆收获机，幅宽应大于大豆带宽400毫米以上；也可选用当地常规大豆收获机减幅作业。

（三）大豆玉米分步同时收获方式

该方式适用于大豆玉米同期成熟地区，主要包括西北、黄淮海等地的间作区。作业时，对大豆、玉米收获顺序没有特殊要求，主要取决于地块两侧种植的作物类别，一般分别选用大豆收获机和玉米收获机前后布局，轮流收获大豆和玉米，依次作业。因作业时一侧作物已经收获，对机型外廓尺寸、轮距等要求降低，可根据大豆种植幅宽和玉米行数选用幅宽匹配的机型，也可选用常规收获机减幅作业。

三、机具调整改造

（一）调整改造实现大豆收获

目前，市场上专用大豆收获机较少，可选用与工作幅宽和外廓尺寸相匹配的履带式谷物联合收割机进行调整改造。调整改造方式参照《大豆玉米带状复合种植配套机具调整改造指引》（农机科〔2022〕28号）。

（二）调整改造实现玉米收获

目前，常用的玉米收获机行距一般为600毫米左右，适用于大豆玉米带状复合种植400毫米小行距的玉米收获机机型较少。玉米收获作业时，行距偏差较大会增大落穗损失率或降低作业效率，可将割台换装或改装为适宜行距割台，也可换装不对行割台。对于植株分杈较多的大豆品种，收获玉米时，应在玉米收获机割台两侧加装分离装置，分离玉米植株与两侧大豆植株，避免碾轧大豆植株。

（三）加装辅助驾驶系统

如果播种时采用了北斗导航或辅助驾驶系统，收获时先收作物对应收获机也应加装北斗导航或辅助驾驶系统，提高驾驶直线度，使机具沿行间精准完成作业，减少对两侧作物碾轧和夹带，同时减少人工操作误差并降低劳动强度。如果播种时未采用北斗导航或辅助驾驶系统，收获时根据作物播种作业质量确定是否加装北斗导航或辅助驾驶系统，如播种作业质量好可加装，否则没有加装必要。

四、机收减损收获作业

（一）科学规划作业路线

对于大豆、玉米分期收获地块，如果地头种植了先熟作物，应先收地头先熟作物，方便机具转弯调头，实现往复转行收获，减少空载行驶；如果地头未种植先熟作物，作业时转弯调头应尽量借用田间道路或已收获完的周边地块。

对于大豆、玉米同期收获地块，应先收地头作物，方便机具转弯调头，实现往复转行收获，减少空载行驶；然后再分别选用大豆收获机和玉米收获机依次作业。

（二）提前进行机具调整试收

作业前，应依据产品使用说明书对机具进行一次全面检查与保养，确保机具技术状态良好；应根据作物种植密度、模式及田块地表状态等作业条件对收获机作业参数进行调整，并进行试收，试收作业距离以 30~50 米为宜。试收后，应检查先收作业是否存在碾轧、夹带两侧作物现象，有无漏割、堵塞、跑漏等异常情况，对照作业质量标准检测损失率、破碎率、含杂率等。如作业效果欠佳，应再次对收获机进行适当调整和试收检验，直至作业质量优于标准，并达到满意的作业效果。

（三）合理确定作业速度

作业速度应根据种植模式、收获机匹配程度确定，禁止为追求作业效率而降低作业质量。如选用常规大型收获机减幅作业，应注意通过作业速度实时控制喂入量，使机器在额定负荷下工作，避免作业喂入量过小降低机具性能。大豆收获时，如大豆带田间杂草太多，应降低作业速度、减少喂入量，防止出现堵塞或含杂率过高等情况。

对于先收大豆后收玉米方式，大豆收获作业速度应低于传统净作，一般控制在 3~6 千米/时，可选用 2 挡，发动机转速保持在额定转速，不能低转速下作业。若播种和收获环节均采用北斗导航或辅助驾驶系统，收获作业速度可提高至 4~8 千米/时。玉米收获时，两侧大豆已收获完，可按正常作业速度行驶。

对于先收玉米后收大豆方式，受两侧大豆植株以及玉米种植密度高的影响，玉米收获作业速度应低于传统净作，一般控制在3~5千米/时。如采用行距大于550毫米的玉米收获机，或种植行距宽窄不一、地形起伏不定、早晚及雨后作物湿度大时，应降低作业速度，避免损失率增大。大豆收获时，两侧玉米已收获完，可按正常作业速度行驶。

（四）强化驾驶操作规范

大豆收获时，应以不漏收豆荚为原则，控制好大豆收获机割台高度，尽量放低割台，将割茬降至40~80毫米，避免漏收低节位豆荚。作业时，应将大豆带保持在幅宽中间位置，并直线行驶，避免漏收大豆或碾轧、夹带玉米植株。应及时停车观察粮仓中大豆清洁度和尾筛排出秸秆夹带损失率，并适时调整风机风量。

玉米收获时，应严格对行收获，保证割道与玉米带平行，且收获机轮胎（履带）要在大豆带和玉米带间空隙的中间，避免碾轧两侧大豆。作业时，应将割台降落到合适位置，使摘穗板或摘穗辊前部位于玉米结穗位下部300~500毫米处，并注意观察摘穗机构、剥皮机构等是否有堵塞情况。玉米先收时，应确保玉米秸秆不抛撒在大豆带，提高大豆收获机通过性和作业清洁度。

（五）妥善解决倒伏情况

复合种植倒伏地块收获时，应根据作物成熟期以及倒伏方向，规划好收获顺序和作业路线；收获机调整改造和作业注意事项可参照传统净作方式，此外为避免收获时倒伏带来的混杂，可加装分禾装置。

先收大豆后收玉米时，可提前将倒伏在大豆带的玉米植株扶正或者移出大豆带，方便大豆收获作业，避免碾轧玉米果穗造成损失，或混收玉米增大含杂率。

先收玉米后收大豆时，如大豆和玉米倒伏方向一致，应选用调整改造后的玉米收获机对行逆收作业或对行侧收作业；如果大豆和玉米倒伏方向没有规律，可提前将倒伏在玉米带的大豆植株扶正或者移出玉米带，方便玉米收获作业，避免玉米收获机碾轧倒伏大豆。

大豆玉米分步同时收获时，如大豆和玉米倒伏方向一致，一般先收倒伏玉米，玉米收获后，倒伏在大豆带内的玉米植株减少，将剩余倒伏在大豆带的玉米植株扶正或者移出大豆带后，再进行大豆收获作业。如果大豆和玉米倒伏方向没有规律，可提前将倒伏在玉米带的大豆植株扶正或者移出玉米带，先收大豆再收玉米。

第六节　机械化秸秆处理技术

大豆、玉米收获后留下的秸秆，一般采用秸秆翻埋还田和秸秆机械化打捆两种技术进行处理。

一、秸秆翻埋还田技术

秸秆翻埋还田按秸秆形式可分为：碎秸秆翻埋还田、整秸秆翻埋还田和根茬翻埋还田3种。

（一）碎秸秆翻埋还田技术要点

秸秆粉碎可以利用秸秆粉碎机或者安装有秸秆粉碎装置的联合收获机完成（图3-4）。不管采用哪种方式粉碎，都要保证秸秆粉碎质量，而且抛撒均匀。

1. 还田时间选择

在不影响粮食产量的情况下及时收获，趁作物秸秆青绿时及早还田，耕翻入土。此时作物秸秆水分、糖分高，易于粉碎和腐

图 3-4　碎秸秆翻埋还田

解，迅速变为有机质肥料。若秸秆干枯时才还田，粉碎效果差，腐殖分解慢；秸秆在腐烂过程中与农作物争抢水分，不利于作物生长。

2. 割茬高度确定

秸秆还田机的留茬高度靠调整刀片（锤片）与地面的间隙来实现，留茬太高影响翻埋效果，留茬太低容易损毁刀片，一般保留 50~100 毫米。

3. 注重秸秆粉碎质量

农机手要正确选择拖拉机或联合收割机的前进速度，确保玉米秸秆粉碎长度在 100 毫米左右，大豆秸秆粉碎长度在 50 毫米左右，长度合格的碎秸秆达到 90%。若发现漏切或长秸秆过多，应进行二次秸秆粉碎作业，确保还田质量。

4. 秸秆铺撒均匀

避免有的地方秸秆成堆成条，有的地方又没有秸秆。如果发现秸秆成堆或成条，应进行人工分撒，必要时还需要用圆盘耙把秸秆耙匀，以保证翻埋质量。

5. 保证翻埋质量

犁耕深度应在 220 毫米以上，耕深不够将造成秸秆覆盖不严，还要通过翻、压、盖，消除因秸秆造成的土壤"棚架"，以免影响播种质量。土壤翻耕后需要经过整地，使地表平整、土壤细碎，必要时还需进行镇压，达到播种要求。整地多用旋耕机、圆盘耙、镇压器等进行，深度一般为 100 毫米左右，过深时土壤中的秸秆翻出较多，过浅时达不到平整和碎土效果。

6. 保证混埋质量

旋耕机混埋的作业深度应在 150~200 毫米，通过切、混、埋把秸秆进一步切碎并与土壤充分混合，埋入土中。旋耕一遍效果达不到要求，地表还有较多秸秆时，应二次旋耕。旋耕后一般可以直接播种，不需要再进行整地作业。

(二) 整秸秆翻埋还田技术要点

1. 秸秆要顺垄铺放整齐

为了保证翻埋质量，玉米秸秆长度方向必须与犁耕方向一致，铺放均匀。

2. 提高翻埋质量

犁耕深度要在 300 毫米以上，通过翻、压、盖，把秸秆盖严盖实，消除因秸秆造成的土壤"棚架"。耕作太浅时，作物秸秆覆盖不严，影响播种质量。

3. 保证整地质量

土壤深耕后需要经过整地才能达到播种要求，整地多用旋耕机、圆盘耙、镇压器等进行，其深度一般为 100~120 毫米，过深时土壤中的秸秆翻出得较多，过浅时达不到平整和碎土效果。为避免土壤"棚架"，一般应采用"V"形镇压器等进行专门的镇压作业。

（三）根茬翻埋还田技术要点

1. 合理确定根茬高度

根茬还田适用于需要秸秆作为饲料、燃料和原料的地区，在这些地区，秸秆还田与其他用途经常出现矛盾，应协调好秸秆还田与其他用途的关系。饲料、燃料和原料是需要的，而且有直接经济效益。但是，应该认识到秸秆还田并不是可有可无，而是必须的，农业要持续发展，必须有一定数量的秸秆还田补充土壤有机质。根茬还田并不是一种理想的做法，而是一种协调的结果。有的地区把根茬留得很低，甚至紧贴地表收割，结果根本起不到还田的作用。把一部分秸秆回到地里，短期看少了些饲料、燃料和原料，但长远看，土地肥沃了、生态环境好了，产量更高，秸秆更多，饲料、燃料和原料才能够充裕。秸秆还田机和联合收割机控制根茬高度的方法与碎秸秆翻埋还田相同。

2. 保证翻埋质量

犁耕深度要在220毫米以上，通过翻、压、盖，把秸秆盖严盖实，消除因秸秆造成的土壤"棚架"。土壤翻耕后需要整地，使地表平整、土壤细碎，必要时还需进行镇压，达到播种要求。整地多用旋耕机、圆盘耙、镇压器等进行，其深度一般为100毫米左右。

3. 保证混埋质量

旋耕机混埋的作业深度应在150毫米以上，通过切、混、翻转把秸秆与土壤充分混合，埋入土中。玉米根茬比较坚硬，有些地方先用缺口圆盘耙耙一遍，再进行旋耕，效果较好。旋耕后可以直接播种，一般不需要再整地。

（四）秸秆翻埋还田技术注意事项

1. 注意人身安全

秸秆还田机上有多组转速很高（每分钟1 000多转）的刀

片，如果刀片松动或者破碎甩出来，安全防护罩又不完整，就可能危及人身安全。因此，操作者必须有合法的拖拉机驾驶资格，要认真阅读产品说明书，了解秸秆还田机操作规程、使用特点、注意事项后方可操作。

2. 作业前

要对地面及作物情况进行调查，平整地头的垄沟（避免万向节损坏），清除田间大石块（避免损坏刀片及伤人）；要检查秸秆还田机技术状态，刀片固定是否牢固，防护罩是否完整，可将动力与机具挂接；接合动力输出轴，慢速转动 1~2 分钟，检查刀片是否松动，是否有异常响声，与安全防护罩是否刮蹭；调整秸秆还田机，保持机器左右水平和前后水平。

3. 作业中

起步前，将还田机提升到一定的高度，一般 150~200 毫米，由慢到快转动。注意机组四周是否有人，确认无人时，发出起步信号，挂上工作挡，缓缓松开离合器，操纵拖拉机或联合收割机调节手柄，使机器在前进中逐步降到所要求的留茬高度，然后加足油门，开始正常作业。及时清理缠草，清除缠草或排除故障必须停机进行。作业中有异常响声时，应停车检查，排除故障后方可继续作业。严禁在机具运转情况下检查机具。作业时严禁带负荷转弯或倒退，严禁靠近或跟踪机器，以免抛出的杂物伤人。转移地块时，必须停止刀轴旋转。

4. 作业后

及时清除刀片护罩内壁和侧板内壁上的泥土层，以防增大负荷和加剧刀片磨损。刀片磨损必须更换时，要注意保持刀轴的平衡。个别更换时要尽量对称更换，大量更换时要将刀片按重量分级，同一重量的刀片才可装在同一根轴上，保持机具平衡。

5. 秸秆还田是否多施氮肥的问题

秸秆腐解过程中要消耗氮素，然而腐解后又会释放氮素。因此，如土壤较肥，或已经施用氮肥，可不必再增施氮肥。但如土壤比较贫瘠，开始实施秸秆还田的1~2年内，可增施适量氮肥，加快秸秆腐解，防止发生与后茬作物争肥的矛盾。

6. 旋耕混埋作业早进行

旋耕混埋还田作业需要在播种前一周进行，使土壤有回实的时间，提高播种质量。

二、秸秆机械化打捆技术

（一）秸秆机械化打捆技术的特点

秸秆机械化打捆技术（图3-5）是通过拖拉机配套秸秆打捆机进行田间作业，一次性完成秸秆收集和打捆作业，将秸秆压缩成方捆或者圆捆，便于运输和储存的技术。

图3-5　秸秆机械化打捆技术

农作物秸秆机械化打捆技术主要具有以下优势：一是作业质量好、生产效率高；二是方便秸秆的运输和储存；三是减少了环境污染。同时，该技术也有一些不足之处：一是对操作人员要求较高，要求具备相关的农业机械操作常识，培训后方能上岗；二是一次性投入较大，运行作业成本比较高。

（二）秸秆机械化打捆机使用前的调整

1. 对拖拉机的要求和牵引杆的调整

为确保打捆机的安全有效使用，配套拖拉机动力输出轴要有足够动力。在丘陵地区使用或在打捆机后牵引一辆拖车时，要保证拖拉机有足够的尺寸和重量。调整拖拉机牵引杆，使其挂接销孔距拖拉机动力输出轴端356毫米，距拖拉机轮外缘至少102毫米。牵引杆在动力输出轴下面与其对中并卡紧，两个方向都不能摆动。在某些拖拉机上，必须使用一块挂接板以获得合适的距离，必要时须安装一个动力输出轴转换装置。

2. 挂接

挂接装置是可以调整的，要使打捆机与压捆室工作相协调，牵引杆应尽可能接近水平位置。如果使用不同的拖拉机，挂接点可能需要重新定位。连接打捆机与拖拉机可按下列步骤进行。

（1）用挂接销将打捆机牵引杆连接到拖拉机上。安装一个防松螺母或开尾销，以防止挂接销丢失。

（2）转动螺旋起重器的手把，使起重器不承重，且使起重器调整到运输位置。检查并确认牵引杆和打捆机在水平位置，如果没有在水平位置，则需改变挂接位置。

（3）将动力输出轴连接到拖拉机上。

（4）向上或向下调节中心动力输出轴支架，使动力输出轴前端尽可能水平。

（5）前动力输出轴支架必须向下折叠到工作位置。

（6）将牵引杆活门拉绳系到拖拉机上方便的位置。

（7）安全链固定到拖拉机牵引杆上，在每个固定点间用"U"形卡子支撑。在公路上牵引打捆机时，安全链应起作用。

若挂接销断裂或脱落，链子将保持对打捆机的控制。

（8）连接所有电缆和液压管道等拖拉机附件。

3. 打捆机的捆绳

使用质地良好的捆绳以保证草捆被完全捆牢。为适应草捆重量的要求，捆绳必须有足够的打结强度，且捆绳的粗细必须均匀。当使用抛捆器或自动捡拾运输车时，捆绳的打结强度至少要适应 73 千克的草捆重量。

4. 田间使用的准备

（1）将打捆机连接到拖拉机上。

（2）慢慢向前拉动牵引架活门拉绳（或者启动选用的牵引架摆动油缸）直到穿过孔。如果安装牵引架摆动油缸，则不应使打捆机保持在工作或运输位置。

（3）将捡拾器降低到工作位置。

（4）确认绳箱、线盘已经装满，打捆机已经穿好线。

（5）如果打捆机需要连接拖车，应将草捆滑道放在工作位置。

（6）如果拖车向右调整到运输状态，则打捆机应移向左边，对准压捆室以符合打捆要求。

(三) 打捆机的使用

1. 启动打捆机

在启动打捆机之前，先检查动力输出轴滑动离合器扭矩。在打捆机经过保养和正确连接到拖拉机上之后，应确认非操作人员都已经离开机器，工具也已经清理干净，小心地接合拖拉机动力输出轴，让打捆机在空载状态下运转一段时间。

2. 操作使用

（1）装入打捆机的草料量应保持一致。每个草捆装入的草料量越一致，则草条越均匀，草条长度也越一致。

（2）草捆应足够坚固，要求草捆立放而不变形。为此可按需要紧固打捆机的压力滑轨，如果压力滑轨不能足够紧，还可以增加压捆室的草料挡块数量。压捆室内有孔，可供安装 4 对挡块使用。

（3）草捆必须干燥。如果草捆没有足够干燥，就达不到用草捆拖车搬运的条件。切勿将草捆整夜放在野外，因为草捆可能从地面和露水中吸收水分。

（4）打捆时使用拖车，打好 15~20 捆要停下来等待，直到草捆拖车被调整好并已经捡拾一些草捆为止。当发现草捆达不到要求的那样精确时，需进行检查并消除造成不良草捆的原因。在确认草捆不适宜使用拖车之后，可继续打捆但切勿在拖车前面打大量的草捆。让被捡拾的草捆尽可能紧靠在打捆机后面。

（四）打捆机部件的保养

1. 轮子轴承

轮子轴承应每年拆卸、清理、重新组装。使用高品质的轮子润滑脂，在转动轮子的同时拧紧轴承调节螺母。松开调节螺母直到调节螺母上的槽和轴上的开尾销孔对准，安装开尾销。

2. 动力枢轴

定期检查动力枢轴弹簧，保持弹簧的长度为 68 毫米。

3. 捡拾器传动皮带

捡拾器传动皮带必须能够传递足够的扭矩来驱动捡拾器，过载时必须能打滑以保护捡拾器和传动装置。皮带能传递的扭矩是由装在张紧轮臂上弹簧的长度决定的。日常使用时必须保持皮带的清洁，不得沾有黄油和机油。如果皮带变得干、硬并开始出现裂缝，应更换新皮带。

4. 柱塞

拆除柱塞以便对轴承、滑块和滑轨进行检查。在柱塞拆除之后，仔细检查轴承的磨损、平面斑痕、密封不严或运转不畅等问题，必要时予以更换。检查草捆室中滑轨的磨损情况，其上会有由轴承或滑块磨出的沟痕，必要时予以更换。在更换滑轨时，若它用垫片垫着，要确保在安装时将垫片也要装回原位，以保持滑轨平直。

第四章

水稻机械化育秧插秧技术

水稻机械化育秧插秧技术是采用规格化育秧、机械化栽插秧的水稻移栽技术。主要包括适合机械栽插秧要求的大田平整、秧苗培育、插秧机的操作使用、大田管理农艺配套措施等。采用该技术可减轻劳动强度，实现水稻生产的节本增效、高产稳产。

第一节 水稻规格化育秧技术

一、培育壮秧

育秧可以集中在小面积的秧田中进行，做到精细管理，培育壮秧；调节茬口，解决前后茬矛盾，有利于扩大复种；集中育秧可以经济用水、节约用种等，降低生产成本。培育壮秧是水稻生产的第一个环节，也是十分重要的生产环节。

水稻的育秧方法很多，不同的育秧方法结合不同的苗龄，培育出的秧苗多种多样，其标准不尽一致，但也有以下一些共同之处。

（1）秧苗挺健，叶色深绿。苗叶不披垂，苗身硬朗有弹性，有较多的绿叶，叶片宽大，叶色浓绿正常，长势旺盛，脚叶枯黄少。

（2）秧苗矮壮，基部粗扁。基部粗扁的秧苗，腋芽较粗壮，长出的分蘖也较粗壮，且叶鞘较厚，积累的养分多，栽后发根快、分蘖早，有利于形成大穗。

（3）根系发达，白根粗而多。这种秧苗栽后能迅速返青生长。

（4）生长均匀整齐。育出的秧苗要高矮一致、粗细均匀，以保证本田生长整齐，避免大小苗的出现。秧苗充足时应选苗移栽。

（5）秧龄、叶龄适当。

二、水稻育秧方法

水稻育秧的方法很多，根据秧田水分状况的不同，可分为水育秧、湿润育秧和旱育秧；根据增温情况的不同，可分为露地育秧、温室育秧、薄膜保温育秧、生物能育秧等；根据秧苗寄栽（假植）与否，可分为一段育秧和两段育秧。育秧方法不同，技术也就不同。下面着重介绍水稻生产上常见的几种育秧方式。

（一）薄膜保温育秧

1. 秧田准备

选择排灌方便、背风向阳、土质松软、肥力较高的田块作秧田。施足底肥，以人畜粪尿为主，加少量化肥，经整细并沉实1~2天后，排水晾底，再开沟作厢，一般厢面宽 1.3~1.5 米，厢沟宽 0.25~0.30 米，沟深 0.2 米左右，厢面抹平，无凹凸、积水、杂草及残茬外露，表面有一层薄泥浆，以种子刚好能嵌入为度。四周理好排灌沟。秧田与本田的比例为 1：（6~8）。

2. 播种、盖膜

芽谷按厢定量，均匀地撒于厢面上，播后用踏谷板轻轻地把谷种压入泥内；然后用竹片搭拱，盖塑料薄膜，四周压紧盖严。有研究表明，在蓝光下培育的小苗，株高、基部宽度、全株干物重、叶绿素含量等指标都最高，秧苗质量好，因此最好选用蓝色薄膜育秧。

3. 秧田管理

从播种到一叶一心期，一般要密闭保温、不揭膜，但当晴天膜内温度过高（超过 40 ℃）时，应揭开地膜的两端降温，以免烧芽，下午 4 点后重新盖好膜，这段时间保持厢沟有水、厢面湿润。2 叶以后，可以视外界温度情况，逐步揭膜炼苗，先揭两头，日揭夜盖，逐渐到两边，最后全揭，揭膜前要先灌水，以免秧苗因环境改变太大，导致水分失去平衡或温差太大不适应而死苗。

水分管理以浅水勤灌为主，如遇强寒潮，应灌深水护苗防寒，寒潮过后，排水不能过急，应缓慢进行，以增强秧苗的适应能力；在施肥上，应早追"断奶肥"（离乳肥），可在揭膜的第二天进行，每公顷施尿素 45~60 千克或清粪水 300 担（1 担=50 千克），大苗秧在见分蘖后每公顷及时追施尿素 45~60 千克，以后每隔 5~6 天追施一次，促进分蘖早生快发，6 叶以后要适当控制氮肥；注意防治病虫草害，秧田期的主要病虫害是叶稻瘟、螟虫和蓟马。

(二) 温室两段育秧

温室两段育秧是先在温室内发芽培育成 1~2 叶的小苗，再按一定规格寄栽于秧田内培育多蘖壮秧，整个过程分两段进行。该方法发芽成苗率高，用种少；幼苗在秧田内排列分布均匀，能培育质量好的多蘖壮秧，秧龄弹性大；可避开低温阴雨危害，能适时早播等。

1. 建温室

有许多地区用水泥、石柱、砖瓦等建有长期固定的温室，有的地区临时建简易温室，用水蒸气增温保湿。做法是选地势平坦、背风向阳、管理方便、一面稍矮有坎的地方，先建一灶，灶上安锅烧水产生水蒸气，烟道通过温室中央，用大的竹竿制作支架搭棚，盖上较厚的塑料薄膜即建成简易温室，里面安放两排放秧盘的秧架（一般也用竹竿、竹块制作）。做好后，用 1% 高锰酸钾溶液或 5% 石灰水喷雾，对整个温室、秧架和秧盘进行消毒。

2. 温室育小苗

将精选、浸种、消毒后的种子平铺于秧盘上，入室上架。秧盘一般用竹子或木板（底部打孔排水）做成，按每平方米播芽谷 1.3 千克播种，做到盘内无空隙、种子不重叠。

温室管理的关键是控温、调湿，掌握"高温高湿促齐苗，适温适水育壮秧"的原则。出芽到现青期需 36~40 小时，这段时间应保持 35 ℃ 左右的高温，多次喷 30 ℃ 左右的温水，做到"谷壳不现白，秧盘不渍水"，由于秧根伸长后，容易翘起，互相抬苗，使一些秧根吸水困难，幼根老化干缩，要用木板压苗；从立针到第一完全叶展开的盘根期约需 48 小时，需保持温度 30 ℃ 左右，湿度 80% 左右，喷水要少量多次，均匀一致，保持"谷芽湿淋淋，秧盘不积水，秧尖挂水珠"，仍需用木板压苗，每 3~5 小时压 1 次，连续镇压 2~3 次，防止根芽抬起，利于盘根；第一叶全展至第二叶寄栽的壮苗期，温度降到 25 ℃ 左右，湿度 70% 以上，此时秧苗根叶进一步发展，种子养分逐渐减少，需要增加光照，每天下午用 0.2% 磷酸二氢钾和尿素溶液混合喷施，栽前一天将温度降至接近室外温度，并适当喷冷水炼苗，增强抗寒力。在温室育苗过程中，为了保持各秧盘温度和光照的一致，要经常调换秧盘位置，使秧苗生长均匀整齐。如发现霉菌，应及时清除病株扒除霉层，并用 2 500 倍液稻瘟净或 0.06% 高锰酸钾溶液喷雾防治。

3. 秧田寄栽，培育多蘖壮秧

按照与大田 1：6 的比例建好寄秧田，寄秧田的做法与薄膜保温育秧基本相同。根据秧龄的长短，用划格器在厢面上划格。一般45天左右秧龄的可采用50毫米×50毫米的规格，55天左右秧龄的可采用60毫米×60毫米的规格，60天左右秧龄的可采用70毫米×70毫米的规格。近年生产上开始推广的"超多蘖壮秧少穴（超稀）栽培技术"采用100毫米×（100~120）毫米规格寄栽培育单株茎蘖数15个左右的壮秧。寄栽要浅，以根粘泥、泥盖谷为度，并要求栽正、栽稳，以利扎根成活。

小苗寄栽后的第二天，进行扶苗、补苗，并喷施300毫克/千克多效唑。喷药后的第二天，厢面泥浆已"收汗"，可灌浅水上厢，以利稳根护苗。如遇大雨，则要适当加深水层保护秧苗，雨后缓慢排成浅水，3叶期后的水分管理与薄膜保温育秧基本相同。

（三）旱育秧

水稻旱育秧技术是引进日本著名水稻专家原正市先生的成果并经多年试验示范和技术改进而形成的一整套实用技术，具有"三早"（早播、早发、早熟）、"三省"（省力、省水、省秧田）、"两高"（高产、高效）和秧龄弹性大等特点，深受广大农民欢迎。

1. 苗床准备

苗床地应选择地势平坦、背风向阳、土质肥沃、疏松透气、地下水位低、有酸性砂壤土及管理方便的地方，最好是常年菜园地。面积大小因秧龄的长短而定，长龄、大、中、小苗秧田与本田面积的比例分别为1:7、1:10、1:20和1:40。新苗床地要求在头年秋季作准备，先深挖细整，捡净杂草、石头、瓦块等杂物，每公顷施入33毫米左右长的碎稻草约3 000千克、人畜粪水15 000~25 000千克、磷肥1 500千克，翻埋入土中让其腐熟，可以种一季蔬菜，在水稻播种前一个月收获。也可将稻草、人畜粪水等有机肥堆沤腐熟后，于整地前一个月施入，并通过多次翻耕使肥、土混匀。

旱育秧苗床的土壤，要求 pH 值为 4.5~5.0 最好，如 pH 值大于 6 时，要用硫黄粉（于播种前 25~30 天进行）或过磷酸钙（于播种前 10 天进行）调酸。

育秧前一周左右整地，开沟作厢，厢面宽 1.3~1.5 米，厢沟（走道）宽 0.3~0.4 米。苗床的底肥在播种前 3~4 天施用，用酸性肥料，切忌用碳酸氢铵、草木灰等碱性肥料，用量按每平方米施硫酸铵 120 克或尿素 60 克、过磷酸钙 150 克、硫酸钾或氯化钾 30~40 克，均匀地施于厢面并与 100~150 毫米土层混合。施用底肥后将土壤整细整平，浇足浇透水，使土壤水分处于饱和状态。播种前每平方米用敌磺钠粉剂 2.5 克兑水 2.5 千克喷施于床面，进行土壤消毒。

2. 播种、盖膜

旱育秧的播种期可比水育秧早 7~10 天，在当地气温稳定超过 10 ℃时进行。播种量的多少与育成秧苗的叶龄关系密切，一般每平方米苗床按干谷计算，小苗秧约 60 克、中苗秧约 30 克、大苗秧约 15 克。播种时，分厢定量均匀撒播，播后用木板将种子镇压入土壤，使种子与床面保持齐平，再盖约 5 毫米厚的过筛细土，以看不见种子为度。用喷雾器喷水，发现有种子露出的地方，再补盖上细土。

播种工作结束后，用竹片搭拱、盖膜。苗床地四周理好排水沟，投放毒饵灭鼠。

3. 苗床管理

播种至出苗期，主要工作是保温保湿。如果晴天膜内温度超过 35 ℃，要揭开膜的两头通风降温，如床土干燥应喷水；出苗至一叶一心期要控温降湿，膜内温度应控制在 25 ℃左右，超过 25 ℃要打开膜的两头通风降温。当秧苗长到一叶一心时，每平方米苗床用 20%甲基立枯磷乳油 1 克兑水 0.5 千克，或用敌磺钠粉剂 2.5 克兑成 1 000 倍液喷施，以防立枯病、青枯病，对于大苗秧和长龄秧，还应在 1.5～2 叶期按每平方米苗床用 15%多效唑粉剂 0.2 克兑水 100 克喷施，以控制株高，促进分蘖发生；2～3 叶以后，为了适应外界环境条件，逐步实行日揭夜盖，通风炼苗，最后全揭。如遇强寒潮也要盖膜护苗。3 叶期要施足分蘖肥，每平方米喷施 1%尿素溶液 3.5 千克，以后每长 1 片叶适量追施 1 次肥。平时只要不卷叶、土面不发白可不浇水，否则应补充水分。此外，要加强病虫害的防治和杂草防除工作。

第二节　水稻机械化插秧技术

一、水稻插秧机介绍

手扶式插秧机的作业行数一般为 4 行，工作效率为 2～4 亩/时，其价格低廉，适用于大部分农田；乘坐式高速插秧机工作效率可达到 4～8 亩/时，作业行数一般为 6 行，其价格相对较高，适用于较大规模作业。目前常用的插秧机机型有东洋 PF455S 手扶式普通插秧机、富来威 2Z-455 手扶式机动插秧机、科利亚 2ZK-6 乘坐式高速插秧机、东洋 P600 乘坐式高速插秧机、洋马 RR6 乘坐式高速插秧机、亚细亚 ARP-40M 手扶式插秧机。

二、基本苗数计算与插秧机调节

每亩大田的基本苗数由秧苗的行距、株距和每穴株数来决定。插秧机的行距为 300 毫米固定不变，株距有多挡或无级调整，对应的每亩栽插密度为 1 万~2 万穴。

插秧机通过调节纵向取秧量和横向送秧量来调节秧爪取秧面积，从而改变每穴株数。如东洋 PF455S 手扶式普通插秧机纵向取秧量的调节范围为 8~17 毫米，共有 10 个挡位，每调一格改变 1 毫米，手柄向左调，取秧量增多，手柄向右调，取秧量减少。调整标准取秧量（11 毫米）时需要用取苗卡规校正。横向移动调节装置设在插植部支架上的圆盘上，上面标有 "26" "24" "20" 3 个位置，分别表示秧箱移动 10.8 毫米、11.7 毫米、14.0 毫米。横向与纵向的匹配调整可形成 30 种不同的小秧块面积，最小取秧面积 0.86 厘米^2，最大为 2.38 厘米^2。一般情况下先固定横向取秧的挡位后，用手柄改变纵向取秧量。根据这一原理，就可以根据秧苗密度调整取秧量，以保证每穴合理的苗数。

在实际作业前，要按照农艺要求，以每亩基本苗数和株距来倒推每穴株数。例如，某水稻品种基本苗要求 6 万~8 万株，如果株距 120 毫米，就可推算出每亩大约 1.8 万穴，每穴 3.5~4.5 株。同时注意提高栽插的均匀度。均匀度即实际栽插穴苗数的分布情况，因为分蘖与成穗具有一定的自动调节能力，所以在计划苗数设定苗数±1 的范围内可视作均匀，如计划平均穴苗数为 3 株，实际栽插穴苗数为 2~4 株可视作均匀。一般要求均匀度 90%以上。

另外，在每次作业开始时要试插一段距离，并检查每穴苗数和栽插深浅。这样既可以根据秧苗密度及时调整取秧量，保证每穴 3~5 株苗，又可以根据大田具体作业条件，及时调节栽插深度，达到 "不漂不倒，越浅越好" 的要求，待作业状态符合要求并稳定后再开始连续作业。

三、机插作业

(一) 作业标准

要求达到漏插率小于5%、伤秧率小于4%、均匀度合格率大于85%、作业覆盖面达98%。确保直行、足苗、浅栽,插深一般控制在15毫米左右。

(二) 作业条件

1. 秧苗条件

机插秧苗应使用规格化培育的毯状、带土壮苗。取苗及秧苗运输时,应防止秧块变形断裂。

2. 大田条件

根据茬口、土壤性状采用相应的耕整方式,机械作业深度不超过200毫米。田面平整,田块内高低落差不大于30毫米。在30毫米水层条件下,高不露墩、低不淹苗。田面整洁,清除田面过量残留物。泥土达到上细下粗、细而不糊、上烂下实,插秧作业时不陷机不壅泥。泥浆沉实,砂质土沉实1天左右、壤土沉实2天左右、黏土沉实3天左右,达到泥水分清,沉淀不板结。水深为5~15毫米。

(三) 插秧机试运转

1. 试运转前的检查

检查和调整各传动件、传动紧固件、栽插臂和其他运动部件;检查和调整秧针、秧叉、秧箱、导轨、秧门等部件及各部件间隙;检查和调整各拉线;检查或补充发动机燃料油和机油、齿轮箱的机油、各转动和摩擦部位的润滑油。

2. 空车试运转

将插秧机变速杆放置在"中立"位置;启动发动机;检查和调整液压升降机构和液压仿形系统;检查和调整各离合器手柄;

检查和调整栽插臂、秧箱工作状况；检查和调整纵向取苗量、横向取苗次数、株距；检查和调整变速挡位、左右转向机构。

（四）田间作业

1. 插秧机运送

短距离运送，可将插秧机开到田边。长距离运送，选用适宜的运输工具运输，插秧机应固定结实。

2. 作业前检查

（1）发动机部分。检查发动机机油量、清洁燃油过滤器和空气滤清器情况。

（2）液压部分。检查液压升降灵敏性。

（3）行驶部分。检查主离合器的灵敏性、转向离合器的分离状态、注油处注油情况。

（4）插秧部分。检查取苗口的间隙、秧叉的压出时间、注油处注油情况。

（5）其他部分。检查各紧固部件的紧固状态等。

3. 选择取苗量

根据秧苗、田块的情况，按农艺要求调节纵向取苗量和横向取苗次数，选择适宜的取苗量。

4. 调整株距挡位

根据秧苗、田块的情况，按农艺要求调整株距挡位。

5. 启动插秧机

插秧机在提升状态下，直线、垂直、缓慢驶入田中。插秧机调至下降状态，准备插秧。

6. 装秧、秧苗补给

首次装秧时，将秧箱移到最左侧或最右侧后，再装秧。作业中秧箱上有一行没有秧苗时，将各行剩余秧苗取出，秧箱移到最左侧或最右侧后，重新补给秧苗。秧块放置在秧箱上，应展平，底部紧贴秧箱。秧块放好后，将压苗器压下。压苗器压紧程度达到秧苗能在秧箱上滑动，而不上下跳动。补给秧苗时，在秧苗超出秧箱的情况下，应拉出秧箱延伸板，防止秧苗向后弯曲断裂。秧苗到达秧苗补给位置（秧箱上箭头标记处）之前，应给予补给。补给秧苗时，注意剩余苗块端面应与补给苗块端面对齐。秧箱内各行都有秧苗时，补给秧苗时不必把秧箱移动至最左侧或最右侧。

7. 调整插深

插秧前根据农艺要求先预设插深，在田中试插一段后，依据田块情况调整插深。

8. 栽插行驶路线的确认

弄清稻田形状，确定插秧方向。路线一：首先在田块周围留有一个工作幅宽的余地，田块中间插完后，插秧机沿田块边进行插秧作业，并驶出田块。路线二：第一行直接靠田埂插秧，田块两端转弯处留有两个工作幅宽的余地，田块中间插完后，靠田埂最后直行留一个工作幅宽，两端插完后，驶出田块。如田块的宽度为插秧机幅宽的非整数倍，或田块形状不规则，应在最后第二趟，根据需要停止一行或数行插秧工作，保证最后一趟满幅工作。

9. 插秧作业注意事项

首趟是插秧的基准，应保持插秧直线性。栽植臂工作响声大时应停机，向栽植臂盖内加机油。若栽植臂停止工作，并发出异响，应迅速切断主离合器，熄灭发动机，确认故障原因并及时排除。田间转弯时，应停止栽插部件工作，并使栽插部件提升。过沟和田埂时，插秧机应升起，直线、垂直、缓慢行驶。

四、水稻插秧机的维护保养

(一) 插秧机日常保养

(1) 作业结束后，立即用水冲洗，注意避免水进入空气滤清器内。车轮、栽植臂等转动部件如有杂物应予以清除。

（2）及时进行各部位的检查，发现问题立即解决。

（3）加注或补充燃油和润滑油。发动机首次使用5小时后更换机油，以后每50小时更换一次机油，如果空气滤清器部件非常脏，请进行更换。

（4）栽植臂内每天或每工作8小时后加注机油。

（二）入库保养

（1）发动机中速运转状态下，用水清洗，应完全清除污物。清洗后不要立即停止运转，而应续转2~3分钟，注意避免水进入空气滤清器内。

（2）各注油处充分注油。

（3）各指定机油更换处更换新机油，发动机新机油的更换应在热机运转结束后进行。

（4）完全放出燃油箱及化油器内的汽油。应先关闭汽油进入的总阀门，发动机启动至自燃熄火，停机。

（5）往火花塞孔灌入新机油20毫米后，将启动器拉动10转左右。

（6）缓慢地拉动反冲式启动器，并在有压缩感觉的位置停止下来（针对手扶式插秧机）。

（7）为了延长栽植臂的压出弹簧的寿命，栽植叉应在弹出状态（压出苗的状态）下保管。

（8）主离合器手柄和插秧离合器手柄为"断开"、液压手柄为"下降"、燃油旋塞为"关"（OFF）状态下保管。

（9）栽植部抹油，以免生锈。

（10）保管时，齿轮箱应特别注意防止灰尘等混入液压油。

（11）清洗干净插秧机后，应存放在灰尘少、湿度低、避光、无腐蚀性物质的场所。

（12）确认零配件和工具后，与插秧机一起保管。

五、插秧机操作安全事项

（1）按《农林机械　安全　第 9 部分：播种机械》（GB 10395.9—2014）进行。

（2）插秧机在提升状态检查保养时，应在确认液压装置有效，并采取有效的防降措施后才能进行。

（3）在室内启动运转发动机进行检查保养时，应注意开启门窗换气。

（4）插秧机在运行或作业中，应注意插秧机周围情况，禁止与作业无关的人员靠近插秧机。尤其是起步时，确保安全。

（5）插秧机只可在田间短距离倒车，同时插秧机应在提升状态，防止由于陷脚而造成人员伤害。

（6）土壤过黏过深、插秧机作业困难时，需断开插秧离合器手柄，采取有效措施驶离。注意不能推拉导轨、秧箱等薄弱部分，以免损伤插秧机。

（7）插秧机在道路行驶和作业时，应注意对导轨左右两侧的保护，防止碰撞折损。及时收回划印器。

（8）下坡行驶时，禁止脱开主离合器手柄滑行。

第五章

油菜机械化育苗移栽技术

油菜育苗移栽，是选择少量土壤肥沃、灌溉方便的地作为苗床，进行提早播种，培育壮苗，待前作收获后，通过精细耕整后将培育的秧苗移栽到大田，从而获得高产的栽培方法。油菜育苗与机械移栽是相互配套的，主要分为毯状苗、钵苗和裸苗3种形态苗，但相应的移栽机械除毯状苗移栽机以外，其他两类机械很难适应黏重土壤条件，因此作业效率低、应用较少。下面主要介绍油菜毯状苗机械化育苗、移栽技术。

第一节　油菜毯状苗机械化育苗技术

一、品种、场地选择

各地应在适合当地生态条件、种植制度、综合性状优良的主推品种中，选择具有早发能力强、抗倒伏、抗裂角、抗病、株型紧凑等适合机械化作业特性的油菜品种。

选取平整的水泥场或田块作为育苗场地，周围无遮光物，供水方便，排水顺畅。

二、前期准备

（一）育苗盘准备

育苗盘采用硬质育秧盘，长、宽、高分别为580毫米、280

毫米、30毫米，底部均匀分布排水孔。在育苗盘底部铺一张宽度275毫米、长度650毫米左右的塑料薄膜，两头约超出硬盘1~2厘米。

（二）床土配制

床土的土壤来自前茬非十字花科作物田块，过筛去除土壤中的石子、杂草以及较大颗粒。每升床土中拌入纯氮0.3~0.8克，磷肥和钾肥各0.2~0.5克，硼砂0.02~0.04克，腐熟的有机肥5~25克，并混匀。

将50%多菌灵可湿性粉剂配成1000倍液，按100千克营养土加5~6克多菌灵的用量喷洒，喷后将其拌匀，用膜密封2~3天，可杀死土壤中的多种病菌，防止有害病菌对秧苗产生伤害。

也可以用水稻或蔬菜商品育苗基质进行油菜毯状苗培育，使用之前要进行小规模试验育苗，以检测商品基质对油菜秧苗是否存在不利影响。

（三）床土装盘

将配制好的床土装入秧盘，床土表面比盘口低约3毫米，刮平。

床土装好后用细密且均匀的水流将床土浇水至饱和，多余的水可从排水孔排出，保证床土能吸足水分。待床土表面无明显积水后播种。

（四）种子处理

播种前选晴天进行晒种，以提高种子发芽率。播种前用种子处理剂进行拌种。

配制种子处理剂时，每升溶液中加入以下试剂及用量：5%烯效唑5克、七水硫酸亚铁142毫克、硫酸镁294毫克、硼酸0.6毫克、硫酸锌0.6毫克、硫酸锰0.6毫克，补足水分充分溶解至1升。每100克种子吸取1~4毫升溶液拌种（如放在塑料瓶里充分摇匀），晾干后进行播种。

种子处理剂拌种准确用量视品种特性、千粒重和播种密度而定，针对不同情况需要预先进行试验以达到最佳的效果。

三、播种育秧

（一）精量播种

使用播种流水线或推拉式简易播种器进行精量播种，播种量控制在每盘 800~1 000 粒种子。

1. 播种流水线播种

使用播种流水线播种前，阅读机器使用说明书，做好机器的调试工作，确保底土、浇水、播种以及盖土等环节符合油菜毯状苗培育农艺要求。

2. 推拉式简易播种器播种

使用推拉式简易播种器播种前，还需要准备两种规格的刮板以及播种器，具体规格参数如下。

（1）底土刮板和盖土刮板可以自制，对材质无要求。

（2）简易播种器，外形尺寸 565 毫米×265 毫米，孔径 2.2 毫米（适用于千粒重 3.5~4.5 克的种子，如使用大粒种子，孔径要相应增大），开孔数 800~1 000 个。

（二）适墒盖土

播种后用床土进行盖种，盖土厚 2~3 毫米，以不露种且尽量浅为好，厚度均匀。盖种土首先要少量浇水，并搅拌均匀，使盖种土的含水量达最大持水量的 40%~50%（手感湿润、手握成团、松开即散）。

（三）叠盘保墒

将盖土后的秧盘层层叠放在一起，叠放层数以 40~80 层为宜，最上层用两张秧盘中间夹一层塑料薄膜盖顶。两列秧盘之间保持 50~100 毫米距离。叠好的秧盘不能置于阳光下和风口处，因秧盘内需保持充足的水分使种子发芽。

（四）摆盘

叠盘一段时间后要将秧盘及时摆出。摆出的时机对后期出苗至关重要。秧盘需摆放在通风、光照良好的地方。通风、光照不足会影响菜苗在自给养阶段的发育。

摆盘时机可用 3 种方法控制。

（1）根据时间估计，正常育苗季节，叠盘后 36~48 小时。

（2）根据有效积温估算，叠盘后日有效积温达到 45~50 ℃。

（3）根据目测，当看到秧盘内有 2/3 左右的籽粒露黄时即要将秧盘摆出运到育苗场地。

（五）补墒覆盖

秧盘摆出后对缺水的地方进行补水，然后进行覆盖，覆盖材料为 30~50 克/米^2 的白色无纺布。

（六）揭盖控水

当 80% 以上的幼苗子叶完全展平变绿时，摆盘后 48~72 小时，可揭去无纺布。此后适当控制水分供应，以边角部位不发生萎蔫为度，以促进根系下扎。发生萎蔫时可少量补充水分。2 叶期之前如遇大雨要适当遮盖。

四、秧苗管理

（一）肥料管理

揭盖后要及时施用肥料。一般控制在 5~7 天施叶面肥 1 次，不同苗龄的施肥量如表 5-1 所示，喷施时间宜在早、晚，避开晴朗的正午，后期根据苗的情况而定。苗叶如果泛黄，须及时施肥。

表 5-1 不同苗龄的施肥量

时期	配比	用量
1~2 叶期	200 克尿素、20 升水	800~1 000 盘
3~5 叶期	500 克尿素、20 升水	800~1 000 盘

（二）防病治虫

苗期常会发生菜青虫、蚜虫等为害，发现后要及时进行防治。

第二节 油菜毯状苗机械化移栽技术

一、田块整理

（一）前茬作物秸秆处理

前茬水稻等作物收获时应选用带秸秆粉碎装置的联合收获机，秸秆切碎后均匀抛撒，避免秸秆堆积。采用油菜移栽种植方式，前茬作物留茬高度≤400 毫米。

（二）耕整地

油菜种植前先用秸秆粉碎还田机将秸秆粉碎，再用带有翻转埋茬功能的旋耕机整地，最后用开沟机作厢，形成 1.8 米左右的畦面宽度，畦面要平整；也可采用集秸秆粉碎、翻转埋茬、开沟作畦于一体的复式耕整地机具进行作业。开沟作厢宽度应与油菜种植、收获机械作业宽度相对应，厢沟、腰沟、边沟配套，沟深150~200 毫米，沟上口宽≥250 毫米，沟底宽≥150 毫米。具体开沟深度、宽度应根据当地土壤类型、气候条件、作业习惯进行适当调整。

（三）墒情控制

土壤含水率在 15%~30% 为宜，在有灌排条件的地方，要根据土壤墒情适时排灌；在土壤含水率高、降水多的地区，可起垄，垄高≥120毫米，垄宽700~900毫米或1 400~1 800毫米。

二、基肥施用

在种植前，应根据当地农艺要求及土壤肥力，合理计算肥料的施用量。基肥施用量为总施肥量的50%。硼肥、氮肥、钾肥应根据当地土壤特性及肥力条件进行配施。一般每公顷施用氮磷钾复合肥300~600千克或缓释肥450千克，硼砂7.5~11.25千克，并应符合《双低油菜生产技术规程》（NY/T 790—2004）的规定。在采取种肥混播复式作业机具施用基肥时，应选用不易吸水的颗粒肥料，以防止化肥在肥料箱中结块堵塞。

三、栽前秧苗处理

配制的床土在移栽前一天浇一次水和喷施1~2克/盘的起身肥，以增加移栽时根部的带土量，带土、带肥能提高油菜苗的成活率和发育速度。

四、机械化移栽

（一）移栽秧苗标准

育苗密度为4 500~5 500株/米^2，即对于280毫米×580毫米规格的秧盘，每盘苗数为730~893株。育苗时间为20~30天，移栽苗龄3.0~4.0叶，苗高80~120毫米。

（二）移栽机具选择

在移栽机具选择上，目前有两种移栽机：一种是以插秧机底盘为动力的油菜毯状苗全自动移栽机；另一种是在此基础上开发的以拖拉机为动力，集旋耕埋茬、开沟作畦、移栽镇压等功能于一体的联合移栽机。例如，2ZGK-6型油菜毯状苗联合移栽机

（图5-1）适合稻茬田以及各类土壤；机具一次下田即可完成旋耕灭茬、开沟作畦、切缝移栽、覆土镇压等多道工序。

图 5-1 2ZGK-6 型油菜毯状苗联合移栽机

（三）移栽作业

油菜移栽按照机具使用说明书要求进行作业，作业速度控制在1米/秒以内，株距140~180毫米，栽植深度15~50毫米；移栽作业质量应符合栽植合格率≥80%、漏栽率≤8%、栽植深度合格率≥75%的要求。

五、栽后管理

（一）浇活棵水

移栽后土壤墒情好或有降水，不需喷洒活棵水，如果干旱严重应适当灌水，或畦沟浸水。

（二）施肥

根据各地土壤情况及油菜幼苗的长势，合理追肥，保证油菜苗数。移栽油菜第一次追肥在幼苗成活时施肥，第二次在植株长成 3~5 片新叶时施肥。可采用无人机撒施。

（三）植保

1. 芽前除草

油菜田除草应注重播前及播后各时期的操作环节，即播种（移栽）前杀灭前期老草，这是油菜田除草的基础；播种（移栽）后 1~2 天杂草出土前，使用相应的除草剂喷施土壤，有利于药膜展开，封闭土壤，阻止杂草种子萌发。

2. 苗期除草

苗期喷施除草剂在油菜 4~5 叶期进行，选用选择性除草剂防除油菜中的单、双子叶杂草。

3. 油菜生育中后期病虫害防治

应根据病虫害情况选用对口药剂，及时安全用药。苗期主要防治蚜虫，薹花期主要防治菌核病，在油菜初花期主要防治菌核病、霜毒病。

在植保机具选择上，可采用植保无人机、机动喷雾喷粉机、背负式喷雾喷粉机等机具进行机械化植保作业。机械化植保作业应符合喷雾机（器）作业质量、喷雾器安全施药技术规范等方面的要求。

第六章

保护性耕作技术

保护性耕作技术是对农田实行免耕、少耕，尽可能减少土壤耕作（只要能保证种子发芽即可），并用作物秸秆、残茬覆盖地表，用化学药物来控制杂草和病虫害，从而减少土壤风蚀、水蚀，提高土壤肥力和抗旱能力的一项先进农业耕作技术。保护性耕作技术的前身叫"免耕法"，随着研究的深入和示范推广面积的不断扩大，发现完全免耕只能适应部分土壤和自然条件，1980年以后改称为保护性耕作技术。

第一节 免耕少耕施肥播种技术

一、免耕少耕施肥播种技术概述

免耕少耕施肥播种技术包括免耕施肥播种和少耕施肥播种两种类型。

免耕施肥播种是在前茬作物收获后不翻耕，在留茬地上直接用特制的带有灭茬、施肥、播种、覆土机构的免耕播种机播种，除喷洒药剂外不再进行其他任何土壤耕作。

少耕施肥播种是指播前进行必要的地表作业（耙地、浅松）后，再用免耕播种机进行施肥播种，以保证较好的播种质量。

与传统的耕作方式相比，免耕少耕施肥播种技术具有减少作业程序、省工省力、节本增效、提高化肥利用率、保护环境、抑制沙尘暴、增加粮食产量等优点。

二、免耕施肥播种机的识别与调整

下面以河南豪丰机械制造有限公司生产的免耕施肥播种机为例,介绍免耕施肥播种机的工作原理及使用方法,如图6-1所示。

图6-1　豪丰2BMSF-12/6免耕施肥播种机

(一)免耕施肥播种机的工作原理

小麦(玉米)免耕施肥播种作业时,拖拉机的动力经传动轴直接传入免耕施肥播种机的中间变速箱,并带动左右刀轴作旋切运转。当刀具与地面接触的瞬间,前部的旋耕刀将部分秸秆或根茬切断后入土作带状旋松,紧随其后的播种、施肥开沟器在开沟的同时,将秸秆及根茬推送到播种、施肥位置的两侧,后部的限深镇压轮(辊)靠自重与地面摩擦转动,经链条传动机构带动排种和排肥机构实施排种、排肥。排下的种子和化肥分别经输种管、输肥管进入开沟器,依次落入沟槽内。镇压轮(辊)随即将沟槽内松土压实（药液在喷雾泵的作用下，经喷杆喷头均匀地喷洒在地表），完成免耕施肥播种作业。

（二）免耕施肥播种机的安装挂接

免耕施肥播种机与拖拉机安装挂接时，首先将传动轴方轴的一端安装在拖拉机的动力输出轴上，传动轴的方管一端安装在免耕施肥播种机变速箱的动力输入轴上，然后将方轴插入方管内（安装时传动轴两端的夹叉应对称一致，否则易导致机具振动），最后将拖拉机的悬挂机构与免耕施肥播种机的挂接机构结合在一起，并销好（智能型免耕施肥播种机，应将各信号线插头按照所编序号，对准机具架梁上插座相对序号的插孔插入即可）。

（三）免耕施肥播种机的调整

1. 双腔排种器的调整

免耕施肥播种机的排种器为双腔排种器，播种小麦时，应将插板插入玉米排种腔，此时小麦排种腔打开，玉米排种腔关闭；播种玉米时应将插板插入小麦排种腔，此时玉米排种腔打开，小麦排种腔关闭。

2. 旋耕深度、播种深度、施肥深度和秸秆覆盖率的整体调整

小麦免耕施肥播种时，种子的播种深度最好为 30 毫米，墒情较差时最深不超过 50 毫米；化肥播种深度一般为 80～100 毫米，当种子与化肥深度差调整合理后，如果需要增加旋耕深度、播种深度、施肥深度和提高秸秆覆盖率，可将镇压轮总成两端的限位螺栓向上调，每调一个螺孔，其深度相应增加 20 毫米，秸秆覆盖率也随之提高。

3. 种子与化肥深度差的调整

种子、化肥之间的深度差一般应控制在 40～50 毫米。种子与化肥深度差的调整，是靠移动开沟器的上下位置来完成的，调整时拧松开沟器上部的固定螺栓，将播种或施肥开沟器分别向上

或向下移动，测量下端距地面的高度差，直至达到理想高度差，然后再将固定螺栓拧紧即可。

4. 排种器的检查调整

为了提高小麦播种质量，确保各行播种量一致，播种前要对各排种器的排种轮进行检查，在正常情况下，排种前排种轮的端面应与排种盒内壁处于同一平面内，调整播种量手轮的端面应处于刻度线"0"的位置，若排种轮伸出的有效长度长短不一，各行播种量大小不同时应进行调整。其方法是：拧松排种轮两端的卡片，左右移动排种轮至所需位置，并使卡片紧靠排种轮外部的端面，调好后拧紧固定螺栓即可。

5. 小麦播种量的调整

为便于小麦播种量的调整，免耕施肥播种机上设有调整播种量手轮和刻度线。刻度线上的数字表示播种量，其单位为千克。调整播种量时需旋转手轮，手轮外端面与刻度线相交位置即表示所下播种量，调整完毕后应拧紧手轮上的固定螺栓。若播量与刻度线不符时，应以排种轮伸出的有效长度为准，如排种轮伸出排种腔 10 毫米表示播种量 1 千克；当排种轮伸出的有效长度与刻度线一样而播种量误差仍很大时，需调整毛刷位置，毛刷向上移动播种量增加，反之减小。

为确保播种量精确，机具调好后要进行播种量试验，其方法是：种箱内加入种子，将机具升离地面，在输种管下垫一块塑料布或在接种盒下套一个塑料袋，然后在镇压轮（辊）上做好记号，用手转动镇压轮（辊），2BMSF-10/5 型免耕施肥播种机转动 24 圈，2BMSF-12/6 型免耕施肥播种机转动 20 圈，然后将塑料布（袋）上的种子收集起来，称取重量后再乘以 10，即是亩播种量。如果播种量偏大或偏小，可适量加大或减少播种量。浸种、拌种应将种子晾干后再播种，否则会严重影响播种量、播种的稳定性和均匀性。

三、免耕施肥播种机关键技术

(一)破茬开沟技术

少动土、少跑墒是保护性耕作技术的基本要求。免耕施肥播种时，地表有的秸秆残茬覆盖，有的土壤紧实，要求有良好的破茬开沟技术，这是免耕播种的关键技术之一。目前，保护性耕作技术实施中所采用的破茬开沟技术主要有以下 3 种。

1. 移动式破茬开沟技术

移动式破茬开沟技术目前主要应用窄形尖角式开沟器破茬开沟。窄形尖角式开沟器为锐角开沟，入土能力强，对土壤的扰动少，消耗动力小，易于实现较深的破茬开沟。一般开沟深度为100毫米左右，可以实现肥下、种上的分层施播。小麦等密植作物根茬小，对窄形开沟器的影响也小；玉米类作物根茬大，但大部分主根和须根集中在地表下 40~72 毫米，当开沟深度达到 100毫米左右时，开沟铲尖从根下经过，可将根茬挑起，顺利实现破茬开沟。

2. 滚动式破茬开沟技术

滚动式破茬开沟技术主要有滑刀式和圆盘刀式两种。应用较多的是圆盘刀式破茬开沟。圆盘刀式破茬开沟的原理是利用各种圆盘（缺口式、波纹式、平面式、凹面式等），以一定的正压力沿地表滚动，切开根茬和土壤，实现播种、施肥等。平面圆盘如果与播种机前进方向平行，则圆盘的作用只是切开根茬、切断杂草和秸秆、在土壤表面切出一道缝，后边另有开沟器用于播种；平面圆盘如与播种机组前进方向有一定的夹角，则可直接在圆盘所开沟内播种、施肥。凹面圆盘同样与播种机前进方向有一定夹角，工作时，可利用圆盘的角度及滚动，将秸秆、根茬和表土抛离原位，实现破茬开沟。

圆盘开沟器的优点是工作部件沿地面滚动，通过能力强；直圆盘开沟时，开沟窄，对土壤的扰动少。缺点是钝角入土，必须有足够的正压力才能保证破茬和入土性能，因而机器重量大，结构复杂，制造精度和材料要求高。凹面圆盘的缺点是动土量大，回土差，需要另配覆土装置，播种机结构复杂，播种后地面平整度也差。

3. 动力驱动式破茬开沟技术

动力驱动式破茬开沟技术原理是利用拖拉机的动力输出轴，驱动安装在播种机开沟器前方的旋转轴，通过安装在旋转轴上的破茬防堵部件入土破茬。破茬防堵部件有旋耕刀式、直刀式或圆盘刀式等。

（二）防堵技术

防堵技术是免耕施肥播种中的重要环节，必须予以高度重视。

1. 免耕施肥播种作业机的防堵性分析

免耕施肥播种机的防堵性是指在免（少）耕及地表有秸秆残茬覆盖条件下进行施肥播种等作业时作业机组所具有的防止秸秆覆盖物堵塞的能力，也可以称为秸秆覆盖地上的作业机组的通过性。

影响免耕施肥播种机防堵性的因素有以下 6 点：①地表秸秆、杂草的覆盖量；②覆盖秸秆的长度；③秸秆的含水量；④秸秆的韧性；⑤开沟器的类型；⑥开沟器与机架形成的秸秆通过空间。

2. 免耕施肥播种机上常用的防堵技术

目前应用的防堵技术主要有以下 3 种。

（1）加大秸秆通过空间防堵技术。采用高地隙和多梁结构，增大相邻土壤耕作部件间形成的空间，以利于秸秆通过。加大开沟器间距防堵技术也称为结构防堵技术。

（2）部件开沟防堵技术。在播种机部件选择和设计中采用有利于提高通过性的部件，如采用种肥垂直分施技术可以减小种肥侧位分施时形成的堵塞截面；采用滚动性好的大直径镇压轮可以减少小直径镇压轮不转动时所造成的拖动堵塞；采用圆盘开沟器可以减少秸秆、残茬或杂草的缠绕等。

（3）装置防堵技术。装置防堵技术有非动力式防堵装置和动力驱动式防堵装置两种。

在行距较大的宽行播种机上，为增加防堵能力，加装非动力式防堵装置，是有效的防堵技术与措施。常用的非动力式防堵装置有开沟器前加装分草板、分草圆盘（单圆盘、双圆盘、平面圆盘、凹面圆盘、凹面缺口圆盘等）、行间压草器、轮齿式拨禾轮等，播种作业时，分草板或分草圆盘将播种行上经过粉碎的秸秆推到两边，减少开沟器护柄与秸秆的接触，实现防堵；也有的是在开沟器前加装"八"字形布置的分草轮齿，播种作业中，利用分草轮齿将播种行上的秸秆向侧后方拨开，实现防堵。这几种装置结构简单，有一定的防堵效果，适合在粉碎后秸秆量较大的条件下进行播种玉米。

动力驱动式防堵装置是利用拖拉机动力驱动安装在开沟器前的防堵装置，通过对挂接在开沟铲柄或堆积在工作部件间的秸秆进行粉碎、击落、抛撒等作用实现良好的防堵效果。例如，带状粉碎式防堵技术就是在播种开沟器前安装粉碎直刀，利用动力驱动高速旋转，将开沟器前方的秸秆粉碎，并利用高速旋转的动能，使粉碎后的秸秆沿保护粉碎装置的抛撒弧板抛到开沟器后方，实现防堵。这种防堵技术防堵效果好，又没有旋耕刀式防堵技术对土壤的过度扰动，因而更符合保护性耕作技术的要求。

3. 小麦免耕施肥播种机的双梁防堵措施

在其他条件相同的条件下（如秸秆覆盖量、秸秆粉碎程度等），小麦免耕施肥播种机开沟器的形式及其排列方式，对防止残茬和秸秆覆盖物堵塞有很大的影响。国外小麦免耕施肥播种机所采用的是多梁牵引式或圆盘式开沟装置防堵技术。多梁牵引式可以保证各开沟器之间有足够空间以使秸秆覆盖物顺利通过；圆盘式开沟器具有不缠绕秸秆和良好的防堵性能。而且国外旱作农业技术发达的国家很少一年两熟制，播种时前茬作物秸秆已基本腐烂，如加拿大的休田期更是长达一年半甚至更长，秸秆堵塞的可能性更小。但根据中国国情而设计的中小型免耕覆盖施肥播种机采用的是悬挂式的尖角型开沟器，采用悬挂式使得播种机的纵向长度受限，不可能采取国外那样的多梁结构，否则重心后移影响悬挂性能；同时由于受拖拉机悬挂能力的限制，也不可能采用大重量的圆盘式开沟器。显然这给播种机作业通过性带来极大困难。由于小麦免耕覆盖施肥播种机行数多、行距小（150~200毫米）、受悬挂动力的限制，现阶段国内免耕施肥播种机上常采用的防堵技术，如破土切茬圆盘或带状秸秆粉碎（或旋耕）播种联合作业等都难以采用。因此双梁式播种机及其开沟器的合理排列是提高免耕播种作业通过性的突破口。

4. 玉米免耕施肥播种机的被动防堵措施

玉米行距大，配置防堵装置相对方便，因此，为保证玉米免耕施肥播种机在覆盖地上的通过性，国内外的玉米免耕覆盖播种机上均设计有防堵装置。国内播种机上初期的防堵装置多是在开沟铲上设分禾器，播种时分禾器将开沟铲前方的秸秆分开，以便开沟铲顺利通过。如大连农牧机械厂生产的2BM-6、2BQM-6D型免耕覆盖播种机等，均采用分禾器防堵。事实表明，分禾器有结构简单、制造费用低等优点。但分禾器的防堵能力较弱，其最大通过能力为 5.25 吨/公顷（350 千克/亩），而且要求秸秆粉碎质量高、碎秆长度较短，这样才有较好的防堵效果。

5. 典型的动力驱动式防堵装置

为了满足一年两熟高产区免耕覆盖条件下的播种需要，近年来研制出了几种动力驱动式防堵装置，进一步提高了免耕施肥播种机的防堵性能，这些防堵装置可以在大量秸秆覆盖条件下的免耕施肥播种机上采用，其中包括旋耕防堵装置、直刀粉碎破茬防堵装置、斜置驱动式圆盘防堵装置、带状粉碎式防堵装置和带状锯切式防堵装置。

(三) 种肥分施技术

土壤及其养分是农作物赖以生长发育的基础之一，土壤养分也叫土壤肥力。我国由于人多地少，粮食安全问题突出，多年来很多地方一直超强度利用土地进行农业生产，土壤所蕴藏的肥力下降速度大于补充速度，土壤肥力下降显著，必须施用更多的肥料才能维持相应的产量。因此，施肥是农作物生产的重要环节。

(四) 覆土镇压技术

为保证种子发芽，对种子上部要求有一定厚度的覆土层。并应进行适当的镇压，保证种子与土壤紧密接触，及时吸收土壤养分。

(五) 免耕施肥播种机的仿形

免耕施肥播种机作业时地表条件恶劣，有前序作业时拖拉机进地压出的沟辙，有深松时开出的深松沟和较大的土块，有随作物生长出现的植株根部突起（如玉米根茬），还有大量的覆盖不完全覆盖均匀的秸秆。这些条件的存在，影响免耕施肥播种质量，尤其是对播种深度控制影响较大。而播种深度一致是播种作业保证苗齐、苗全、苗壮的基本要求。因此，为了提高免耕施肥播种的质量，除了进行必要的地表耕作外，还必须考虑免耕施肥播种机的仿形性能，即在地表不平条件下保持播种深度一致的能力。

（六）免耕施肥播种机组纵向操纵稳定性

为保证免耕施肥播种机的防堵性，窄行距作物的免耕施肥播种机均采用开沟器前后分置排列（双梁），加上为保证播种质量而配置的单体仿形机构，免耕施肥播种机重量偏大（如 2BMF-9 型小麦免耕施肥播种机重量约 900 千克）且重心偏后。当播种机升起，机组空行上坡或过田埂时拖拉机前轮的附着性能就会降低，作业机组的纵向操纵稳定性也随之降低。为了确保作业时机组的操纵可靠性和安全性，拖拉机前桥必须安置适当的配重，以满足作业纵向操作性的基本要求：纵向稳定潜势利用系数应≤0.40。

（七）地轮

实行保护性耕作，在免（少）耕且有秸秆覆盖的地表施肥播种时，地轮容易出现的主要问题是滑移严重，一般普通播种机上所用的铁制地轮，在免耕覆盖地上使用时，其滑移率在20%以上，严重时甚至能达到40%。而一般传统播种机在播种量调整时可接受的滑移率仅为5%~8%，高滑移率及其不均匀性会影响播种质量。造成高滑移率的原因主要有以下3个方面：一是地表有秸秆覆盖，地轮在秸秆上运动时，摩擦力减小，有时地表秸秆覆盖量大，秸秆层之间在地轮运动时也会发生相对运动，导致地轮滑移；二是地表不平，地轮与地面的接触不均；三是不论是单体平行四连杆仿形开沟装置，还是整体仿形开沟装置，由于地表过硬开沟器入土深度受到限制，作为传递排种器排种、排肥的地轮往往出现被架空不转动，造成不排种、肥的问题。因此，解决地轮的高滑移率问题是提高免耕播种均匀性、防止漏播的重要措施。

（八）免耕施肥播种机的动力特性

免耕施肥播种作业机组的动力特性是指悬挂式免耕施肥播

种作业机组的牵引力性能，包括作业牵引力大小、拖拉机后轮的附着性能等。免耕施肥播种作业机组所需的牵引力大小取决于施肥播种时的使用质量、挂接形式、开沟器形式、排列方式及其作业环境（如土壤物理状况）和作业质量（种深、肥深）要求等。

四、免耕施肥播种技术作业要求

（一）玉米免耕施肥播种作业

1. 播种量

春玉米一般亩播种量为 1.5~2.0 千克；夏玉米一般亩播种量为 1.5~2.5 千克；半精密播种单双籽率≥90%。

2. 播种深度

播种深度一般控制在 30~50 毫米，砂土和干旱地区播种深度应适当增加 10~20 毫米。

3. 施肥深度

施肥深度一般为 70~100 毫米（种、肥分施），即在种子下方 40~50 毫米。

（二）小麦免耕施肥播种作业

1. 播种量

冬小麦亩播种量应视具体情况来定，一般水浇地亩播种量为 3~10 千克、旱地亩播种量为 12~15 千克；春小麦一般亩播种量为 18~20 千克。

2. 播种深度

播种深度一般在 20~40 毫米，落籽均匀，覆盖严密。

3. 施肥量与深度

一般水浇地施肥量为 675 千克/公顷，旱地施肥量为 525~600 千克/公顷；施肥深度为 80~100 毫米。

4. 选择优良品种，并对种子进行精选处理

要求种子的净度不低于 98%、纯度不低于 97%、发芽率达95% 以上。播前应适时对所用种子进行药剂拌种或浸种处理。

第二节　秸秆覆盖技术

一、秸秆覆盖的形式选择

（一）秸秆覆盖的形式

1. 按覆盖量分类

（1）全量覆盖。前茬作物收获后，保留全部秸秆于田间。

（2）部分覆盖。前茬作物收获后，田间保留残茬和部分秸秆。如小麦收获后，将联合收割机排出的部分浮秆收集运走，用于造纸等；又如玉米收获后，可将玉米秸秆的上半部（青鲜度较好）割下运走，用于青贮等，只保留剩余部分作为覆盖物。

2. 按覆盖秸秆在田间的状态分类

（1）立秆覆盖。收获后保持秸秆直立作为覆盖，有的前茬作物收获时，将大部分秸秆同时收走，如小杂粮的谷秆、豆秆、青贮作物等，只保留剩余较高的根茬及落地的枯叶等作为覆盖物。

（2）倒秆覆盖。收获后用机械或人工将秸秆压倒，覆盖在地表。

（3）粉碎覆盖。收获后或收获时将秸秆粉碎，均匀铺撒在田间进行覆盖。

（4）残茬+碎秆覆盖。收获后保留一定高度根茬，其余部分粉碎后覆盖在地表。

（二）秸秆覆盖形式的选择

1. 秸秆覆盖量的选择

秸秆残茬的覆盖形式与保水、保土、保肥的效果有密切的关系，一般来说，秸秆残茬覆盖量越多，保水、保土、保肥的效果越好，这是因为秸秆残茬覆盖量越多，秸秆的含水能力越强，径流越少，蒸发量也越低，同时，秸秆腐烂后对土壤的有机质增加也越多。

但覆盖的秸秆过多，也有一定的弊端。①秸秆残茬覆盖量与保水、保土、保肥的效果并不是直线关系，当秸秆残茬覆盖量达到一定程度时，其效果的增加就不显著了。②覆盖的秸秆在腐烂过程中会与作物争氮，秸秆还田时要多施氮肥就是基于这一理由。覆盖的秸秆越多，增施的氮肥也要求越多。③秸秆覆盖越多，播种后在播种行上出现秸秆的可能性越大，对春季气温低、影响作物出苗的冷凉区，就有可能影响作物的正常生长。④覆盖的秸秆越多，后续作业如免耕施肥播种时出现堵塞的可能性就越大。

因此，在秸秆覆盖量的选择上可根据各地的具体情况，选择适合当地条件的秸秆覆盖量。①种植冬小麦或春玉米的一年一熟黄土高原区，若产量低、秸秆量少，可选择全量覆盖，以达到较好的保水、保土、保肥效果。若产量高、秸秆量多，可运出部分秸秆他用，如送造纸厂等。②种植小杂粮（如谷、黍、豆等）的一年一熟冷凉风沙区，其秸秆是良好的饲草，或者有些地方虽然种植小麦、玉米等作物，但当地农民仍保留用秸秆取暖、饲养牲畜等习惯的，允许其将秸秆运走，但要求保留较高的根茬。

2. 秸秆和残茬覆盖形式的选择

立秆、倒秆、粉碎和残茬+碎秆 4 种覆盖形式中，以粉碎覆盖和残茬+碎秆覆盖效果最好，倒秆覆盖效果次之，立秆覆盖效果最差。因为秸秆覆盖的目的是在地表与大气之间形成一个由秸秆残茬组成的隔离层，实现减少蒸发等效果。因此，粉碎并将碎秆均匀地覆盖地表，能减少地表的裸露，因而保水、保土、保肥的效果最好。倒秆覆盖时，考虑到后续作业的方便性，要求秸秆顺行压倒，所以重叠较多、覆盖效果差于粉碎覆盖。而立秆覆盖对地表的覆盖面积只有秸秆横截面的大小，所以覆盖效果最差。

秸秆和残茬覆盖的状态应结合各地实施保护性耕作的实际条件考虑。

（1）立秆覆盖的优点是抗风能力强，但由于其保水、保土、保肥的效果较差，因此，在一般情况下不宜选择立秆覆盖。

（2）倒秆覆盖一般适用于冬、春季风大的一年一熟春玉米种植区。收获后用机械或人工将玉米秸秆压倒覆盖在田间。

（3）粉碎覆盖适用于各种秸秆，效果好，是首选的覆盖形式。粉碎覆盖的要求是粉碎质量高、抛撒均匀。但不适宜冬季休田期风大的地区。

（4）残茬+碎秆覆盖适用于冬季风大的地区，技术特征是粉碎时将粉碎机抬高，保留较高的根茬，其余秸秆粉碎后铺撒在田间，所留的较高根茬有一定的挡风作用，减少粉碎后的秸秆被风刮走的机会。

（5）留茬覆盖是立秆覆盖的一种形式，适用于秸秆养畜的地区。收获后将上部大部分秸秆收走，只保留200毫米以上根茬。谷、黍等可适当低些，但也不应低于150毫米。

二、秸秆粉碎处理技术要求

对于秸秆覆盖量较大且未在收获同时完成粉碎的，一般应通过粉碎机粉碎，以保证较好的覆盖效果，也为后续作业创造良好的条件。

秸秆粉碎依作物种类、覆盖量及所用播种机的类型而有不同的要求，一般应注意以下事项。

（1）小麦收获时，若联合收割机上带有秸秆粉碎抛撒装置，割茬应控制在100毫米左右，除对停车卸粮等出现的成堆碎秆需要人工辅助挑开均匀铺撒外，不需要对覆盖秸秆进行其他处理即可休田、播种。

（2）若采用不带粉碎抛撒装置的联合收割机收获小麦时，因有后续的秸秆粉碎作业，可考虑适当提高割茬，以减少联合收割机的喂入量，提高收获效率。

（3）夏休田且需要进行秸秆粉碎时，可待第一场雨后、杂草长到100毫米左右时再进行粉碎作业，这样一是可避开夏收季节；二是秸秆经过一段时间的风干，含水量低、韧性变差，粉碎效果好；三是可同时完成一次除草，即在秸秆粉碎的同时，将杂草一并粉碎，可减少一次休田期除草作业。

（4）一年一熟区玉米秸秆的粉碎应在收获后立即进行。

（5）不同秸秆粉碎所用的粉碎机的粉碎部件不同，各地应根据不同的需要选用。

（6）秸秆粉碎的质量要求与秸秆覆盖量的多少及所采用的免耕施肥播种机的通过能力有关。一般情况下，要求秸秆粉碎后的碎秆长度≤100毫米，且抛撒均匀，对秸秆堆积较多或杂草生长严重的区域还应重点粉碎（如多粉碎一遍等）。

三、秸秆粉碎还田机

（一）秸秆粉碎还田机构造

与拖拉机配套的秸秆粉碎还田机主要由机架、悬挂升降机构、传动装置、变速箱、切碎装置、防护罩、地轮等组成。其主要工作部件——切碎装置由刀轴、刀座及刀片等构成。刀座通常按螺旋线排列焊接在刀轴上。拖拉机动力输出轴的动力经粉碎还田机上的变速箱、传动皮带传递给刀轴，带动刀片高速旋转，完成作物秸秆粉碎还田作业。

（二）秸秆粉碎还田机工作原理

秸秆粉碎还田机工作时，刀轴以 1 600~2 000 转/分的速度带动刀片以砍、切、撞、搓、撕的方式粉碎秸秆。高速旋转的刀片与机器前进速度合成为有环节的余摆线运动。机架前部的挡板首先将秸秆推压呈倾斜状，粉碎部件（刀端线速度大于 34 米/秒）从秸秆根部进行砍切作业，秸秆被切断后失去地面的约束。刀片将秸秆捡拾并砍断。在挑起秸秆的同时，由刀片产生的摩擦力将秸秆喂入粉碎机罩内，又受到刀片的多次砍切而成碎段。切碎的秸秆在离心力的作用下沿防护罩均匀抛撒落地。粉碎装置的转向分为正转或逆转（现以逆转为主）。甩刀式切碎器为无支承切割，作业时，由于拖拉机轮子对秸秆的折压、机器前进中秸秆的前倾和互相交叉以及秸秆含水量的大小等因素，使秸秆的切碎长度变化很大。

（三）秸秆粉碎还田机刀具类型

目前，国内秸秆粉碎还田机主要为配套轮式拖拉机的卧式刀轴还田机，其工作部件以直刀型、锤爪型、弯刀型为主。

第三节　杂草控制技术

杂草控制是保护性耕作技术的重要环节之一。为了使覆盖田块农作物生长过程中免受草害的影响，保证农作物正常生长，目前主要用化学药品防治草害，也可结合浅松和耙地等作业进行机械除草。

一、农田杂草的类型

根据农田杂草化学防除的需要，可以将杂草按形态特征分为禾本科杂草、莎草科杂草和阔叶杂草3类。

（一）禾本科杂草

禾本科杂草属于单子叶杂草，胚有1片子叶，叶片窄长，叶鞘开张，有叶舌，无叶柄，平行叶脉。茎圆或扁平，有节，节间中空，如稗、千金子、看麦娘、马唐、狗尾草等。

（二）莎草科杂草

莎草科杂草也属于单子叶杂草，胚有1片子叶，叶片窄长，平行叶脉，叶鞘包卷，无叶舌。它与禾本科杂草的区别是：茎为三棱形，个别为圆柱形，无节，实心，如三棱草、香附子、水莎草、异型莎草等。

（三）阔叶杂草

阔叶杂草一般指双子叶杂草，胚有2片子叶，草本或木本，叶脉网状，叶片宽，有叶柄，如刺儿菜、苍耳、鳢肠、荠等。另外，阔叶杂草也包括一些叶片较宽、叶片着生部位较大的单子叶杂草，如鸭跖草等。

上述3类杂草的差异，导致它们对除草剂有不同的敏感性，这也正是在进行化学除草之前，要根据杂草的种类来选用除草剂的依据。

二、除草剂的选择性和使用方法

在除草剂的分类上，根据使用方法分为茎叶处理剂和土壤封闭处理剂；根据作用方式分为选择性除草剂和灭生性除草剂；根据在植物体内的传导性分为触杀型除草剂和传导型除草剂；根据化学成分分为磺酰胺类、有机磷类、三氮苯类等。

（一）除草剂的选择性

除草剂喷洒到农田里，能杀死农田里的杂草，而不杀死及伤害农作物的特性，称为选择性。除草剂的选择性是相对的，除草剂对所有的农作物都是有毒的，无论哪种农作物若使用除草剂的量过大，将导致农作物发生生理变化，甚至导致死亡。植物选择性和除草剂用量有关，一定数量的除草剂，能使有的农作物不受其害，有的则中毒死亡。有的除草剂选择性不强，但可利用除草剂的某些特点，或利用农作物和杂草之间的差别，如形态、生理生化、生长时期、遗传特性等不同特点，达到除草剂的选择性；还可利用施药时间和农作物栽培的时间差，达到除草剂的选择性。使用除草剂时，对除草剂反应快的、易被杀死的农作物叫敏感植物；对除草剂反应速度慢、忍耐力强、不易被除草剂杀死的农作物叫抗性植物。除草剂的选择性可分为以下 8 种。

1. 形态选择

植物外部形态差异和内部组织结构特点，是除草剂形态选择的依据。自然界中由于植物外部形态的差异，对除草剂的承受和吸收能力也有差异；由于内部组织结构差异，对除草剂反应也有差异。

茎叶处理除草剂的选择性与植物叶片特征、生长点位置有关。禾本科植物，如小麦、水稻、玉米、马唐、狗尾草等，叶片直立、狭窄，叶表面有较厚的蜡质层，喷洒在叶面的药剂易于滚落，不利于药剂的吸收和渗入。而阔叶植物，如棉花、花生、大豆、藜、苋、荠、黄花草、播娘蒿等，叶片着生角度大，叶片横展，一般叶面角质层、蜡质层较少，喷药时叶片能拦截和接纳较多药剂，因而对药剂易于吸收和渗透。阔叶植物的生长点在嫩枝的顶端，并裸露在外边，易于受到药剂的直接毒害。禾本科植物生长点位于植株的基部，并被几层叶片包围，不易遭受药剂的毒害。

植物输导组织结构的差异，可引起不同植物对一些激素型除草剂的不同反应。双子叶植物的形成层，位于茎和根内木质部和韧皮部之间的分生组织细胞带，对激素型除草剂敏感。例如，当2,4-滴等激素型除草剂经维管束系统到达形成层时，能刺激形成层细胞加速分裂，形成瘤状突起，破坏和堵塞韧皮部，阻止养分的运输而使植物死亡。禾本科植物的维管束呈星散状排列，没有明显的形成层，因而对2,4-滴等除草剂不敏感。

2. 生理生化选择

不同的植物，对同一种除草剂生理生化反应不一样。因此，不同植物对除草剂的吸收和传导有很大差异，除草剂在农作物体内和杂草内部能发生不同的生化反应，解毒作用也不一样，不同农作物活化作用在体内表现也有差别，这就形成了生理生化选择。

（1）不同植物对药剂的吸收和传导有很大差异。吸收和传导除草剂量越多的植物，越易被杀死。如2,4-滴、二甲四氯等除草剂，能被双子叶植物很快吸收，并向植株各部位传送，造成植物中毒死亡，而禾本科植物就很少吸收和传导。就同一种植物而言，幼小、生长快的比年老、生长慢的对除草剂更为敏感，例如，使用杀草丹时，稗在幼龄期比水稻吸收药剂快，并迅速传向全株，而水稻不仅吸收少，还能很快将杀草丹分解成无毒物，但随着稗的苗龄增大，就与水稻的抗药力无差别了。

（2）除草剂进入不同植物体内后可能发生不同的生化反应。生化反应包括解毒作用和活化作用。①解毒作用。某些农作物能将除草剂分解成无毒物质而不受害，而杂草缺乏这种解毒能力则中毒死亡。如把敌稗喷到水稻和稗的叶片上后，由于水稻体内含有一种芳基酰胺水解酶，可将敌稗水解为无毒化合物，而稗没有这种芳基酰胺水解酶，便中毒死亡；西玛津、莠去津能安全地用于玉米田，是因为在玉米根系中西玛津能发生脱氯反应而解毒；棉花株内有脱甲基的氧化酶，可分解敌草隆，因而棉田使用敌草隆是安全的。有些植物体内的成分能与除草剂发生轭合反应，形成无活性的轭合物而解毒。如草灭畏（中国未登记）能安全地用于大豆田，是由于它能与大豆植株体内的葡萄糖形成 N-葡萄糖草灭平；氯磺隆能安全地用于小麦田，是由于它能与小麦体内的葡萄糖迅速轭合形成 5-糖苷轭合物。②活化作用。某些除草剂本身对植物并无毒害，但在有的植物体内它会发生活化反应，将无毒物转化为有毒物而使植物中毒，没有这种能力的植物就不会中毒。如用于大豆田除草的 2,4-滴丁酸本身对一般植物无毒，而有的杂草体内有 β-氧化酶，它能将 2,4-滴丁酸转化为 2,4-滴，所以对大豆安全，杂草则易中毒。防除小麦田野燕麦的新燕灵（中国未登记），在植物体内可被分解为有毒的脱乙基酸，在野燕麦体内分解率高，因而受害，而在小麦体内分解率低，其分解物还能很快与糖轭合，则对小麦安全。

3. 时差选择

利用杂草出苗和农作物播种、出苗时间的差异防除杂草，称为时差选择。有的广谱性除草剂，药效迅速、残效期短，生产中常利用这些特性，在农作物播种前，将地面所有的杂草杀死，等药效消失后再进行播种。如用五氯酚钠对稻田除草，在整好的水稻秧田按用量撒施，可清除田间杂草，5~7 天后药效消失再进行播种，既可杀死杂草，对水稻又安全。又如玉米免耕除草，即在收麦后直接播种玉米，在玉米出苗前按用量对杂草进行处理，可有效地防除多种杂草。也可在农作物播种后、出苗前使用灭生性除草剂，杀死已萌芽出土的杂草，这时农作物尚未出苗，因而很安全。例如，在马铃薯播后施用乙草胺，可杀死已出土的杂草，因为马铃薯未出苗，所以很安全，不被伤害。

4. 位差选择

土壤处理用的除草剂，主要是通过被杂草的根系或萌发的幼芽吸收而杀死杂草，但是根系在土壤中分布的深浅有差异，播种深度和种子发芽的位置也不一样，这种位置上的差异选择叫位差选择。例如，溶解度小而吸附性强的敌草隆等除草剂，易吸附于地表而形成药膜层，杀死表土层 0～20 毫米处的小粒种子的杂草，而对玉米、棉花、大豆等农作物安全，原因是这些农作物播种深度在 50 毫米左右，根系分布也深。具有挥发性的除草剂氟乐灵、野麦畏等，喷洒于土壤后，形成较深的药土层才能发挥除草效果，因而用药后必须混土，混土的深度要比播种深度浅，杂草被杀死，对深根农作物安全。

5. 生育期选择

农作物在不同生育期，对农药的抗性不一，对除草剂的敏感程度也有差别。在一般情况下，植物在发芽期或幼苗期对除草剂最敏感，开花后就不敏感。例如，在玉米生长后期，用莠去津防除玉米田杂草，定向喷雾，虽难免喷在玉米下部的茎叶上，但对玉米不会造成太大药害，而对杂草防治效果较好。

6. 人工选择

在农作物成行生长和农作物比杂草高的地里（如果树、茶园、苗圃），或大田农作物生长到一定高度后，定向喷雾和保护性喷雾，对农作物安全且防除杂草效果良好。例如，草甘膦接触绿色组织才有杀伤作用，在果园、橡胶园防除杂草时，定向选择喷在杂草上，树基部分不会造成药害，却能防除杂草。

7. 剂型选择

由于除草剂剂型的多样化，除草剂的应用范围在不断扩大。如五氯酚钠颗粒剂、禾草丹颗粒剂等，可在水稻生育期选择使用，以避免药害。

8. 条件选择

环境条件如土壤类型、湿度、温度等条件，是除草剂选择性的因素之一。在一般情况下，黏性土壤比砂性土壤用药量多、温度高、湿度大、除草效果好，有机质含量大则用药量多，有机质含量少则用药量少。

（二）除草剂的使用方法

1. 土壤处理

在整地后播种前、播种后出苗前、苗后，将相应的除草剂喷洒或泼浇到土壤上，除草剂施后一般不翻动土层，以免影响药效。但对于易挥发、易光解和移动性差的除草剂，在土壤干旱时，施药后应立即耙混土 30~50 毫米。喷施时，一般每亩用药量兑水 30~50 千克。氟乐灵、甲草胺、仲丁灵是最常用的土壤处理剂。

2. 茎叶处理

在作物生长期间喷施除草剂，应选用选择性较强的除草剂，或在作物对除草剂抗性较强的生育阶段喷施，或定向喷雾。一般每亩用药量兑水 30 千克，常规喷雾。

3. 涂抹施药

在杂草高于作物时把内吸性较强的除草剂涂抹在杂草上。涂抹施药时用药浓度要加大。

4. 稻田甩施

在稻田使用乳化性好、扩散性强的除草剂时，在原装药瓶盖上穿 2~3 个孔，将原药液甩施到田中。甩施时，田中要保持30~50 毫米深的水层，从稻田一角开始，每隔 5~6 步甩施一次，直至全田。

5. 稻田药土

将湿润的细土或细沙与除草剂按规定比例混匀，配成手能捏成团、撒出时能散开的药土，然后盖上塑料薄膜堆闷 2~4 小时，在露水干后均匀地撒施于水中。撒药土时，田中要灌水 30~50 毫米，撒施后保水 7 天。

6. 覆膜地施用除草剂

地膜覆盖栽培的作物，覆膜后不便除草，必须在播种后每亩喷施除草剂稀释液 30~50 千克，然后覆膜。覆膜地施用除草剂，用药量一般要比常规用药量减少 1/4~1/3。

三、各类农田杂草化学防除技术

（一）稻田杂草的化学防除

1. 秧田化学除草

播种时处理，在水稻播种覆土后盖膜前将每公顷需用的药剂量加水 300~450 千克，配成药液，用喷雾器均匀地喷洒苗床表土，进行土壤封闭。北方稻区所用的除草剂品种及用药量为：60% 丁草胺乳油，每公顷 2 250~3 000 毫升，加水兑成药液，均匀喷施表土。上述施药方法要求播种覆土要均匀，种子不能外露，方可喷施。

苗期茎叶处理，在水稻苗 2 叶期前后，打开塑料薄膜，晾干稻苗上的水珠，喷施除草剂，防治已出土杂草，待药液见干后，再覆薄膜。最好在晴朗、无风天气施药。每公顷可用 20% 敌稗乳油 3 750~4 500 毫升混 96% 禾草敌乳油 2 250 毫升，兑水 600 千克喷施。也可用 20% 敌稗乳油 7 500 毫升，兑水 600 千克喷施，或用 40% 禾草敌乳油 2 250 毫升，兑水 600 千克喷施。

2. 移栽田化学除草

以 1 年生杂草为主的移栽田，每公顷用 60% 丁草胺乳油 2 250 毫升，插秧后用毒土法施用，保持水层 1 周。还可每公顷用 60% 丁草胺乳油 2 250 毫升混 25% 恶草酮 750 毫升，插秧后用毒土法施用，保持水层1周。

以多年生杂草为主的移栽田，每公顷可用60%丁草胺乳油1 875毫升混10%苄嘧磺隆可湿性粉剂187.5毫升，插秧后用毒土法施用。

（二）麦田杂草的化学防除

1. 野燕麦防除

播前每公顷用40%野麦畏微囊悬浮剂2 250~3 750毫升，兑水600千克喷雾，喷药后立即混土播种30~40毫米深；在野燕麦3~5叶期，每公顷用40%野燕枯水剂3 000~3 750毫升，兑水600千克喷雾；在分蘖末期到孕穗前，每公顷用36%禾草灵乳油2 700~3 000毫升，兑水600千克喷雾。上述药剂对大麦、豌豆有药害，不能使用。

2. 防除禾本科杂草

杂草1叶至拔节期，每公顷用6.9%精噁唑禾草灵水乳剂600~900毫升，兑水450千克喷雾，本剂只限于小麦田使用；杂草1~3叶期，每公顷用36%禾草灵乳油1 650~3 000毫升，兑水600千克喷雾。

3. 防除阔叶杂草

在小麦4叶期至分蘖末期，每公顷用48%麦草畏水剂300~375毫升，或48%麦草畏水剂150~225毫升混20%二甲四氯水剂1 875~2 250毫升，兑水600千克喷雾。在麦苗返青分蘖期至拔节前，每公顷用20%氯氟吡氧乙酸乳油600~900毫升，或20%氯氟吡氧乙酸乳油375~450毫升混20%二甲四氯水剂1 875~2 250毫升，兑水40千克喷雾。

（三）大豆田杂草的化学防除

每公顷用48%甲草胺乳油2 250~3 750毫升，兑水600~750千克，均匀喷雾土壤处理，如覆膜应减少用药量1/3，于播种后覆膜前用药；也可用48%氟乐灵乳油1 200~1 650毫升，于播种前5~7天兑水600千克喷雾土壤，施药后立即混土。为了扩大杀草谱，每公顷用48%氟乐灵乳油1 200毫升混88%灭草猛乳油2 775毫升，或每公顷用48%氟乐灵乳油1 500毫升混70%嗪草酮可湿性粉剂600克。

（四）玉米田杂草化学防除

杂草3~5叶期，每公顷用4%烟嘧磺隆悬浮剂750~1 500毫升，兑水600千克喷雾；春玉米播后苗前或夏玉米3~5叶期，每公顷用40%乙·莠悬浮剂2 250~3 750毫升，兑水600千克喷雾。土壤有机质低于1%的砂土及长江中下游地区春玉米田不可应用；每公顷用50%乙草胺乳油1 050~1 875毫升混50%嗪草酮可湿性粉剂600~750毫升，于播后苗前兑水600千克喷雾，进行土壤处理。

第四节 病虫害防治技术

保护性耕作条件下，由于改变了传统的耕作方式，采取免耕播种，病虫相对容易生长，同时，深松、秸秆覆盖等各项技术措施都会影响农田生态环境以及导致病虫害的发生，因此控制病虫害是保护性耕作技术的一个重要环节。综合防治是人类在同病虫害作斗争的生产实践中总结和发展起来的一种治理策略。防治技术上主张以农业防治、物理防治和生物防治为主，以化学防治为辅。

一、农业防治

根据栽培管理的需要，结合农事操作，有目的地创造有利于作物生长发育而不利于病虫害发生的农田生态环境，以达到抑制和消灭病虫的目的，称为农业防治法。它是综合防治的基础，其优点是不伤害天敌，能控制多种病虫，作用时间长，经济、安全、有效。

农业防治的主要措施如下。

（1）选育、推广抗病虫品种。选用抗病虫品种是一项最经济、有效的病虫防治措施。目前，利用生物技术培育的抗虫棉已进入应用阶段。

（2）改进耕作制度。农田若长期种植一种作物，会为病虫提供稳定的环境和丰富的食料，容易引起病虫的猖獗。合理的轮作换茬，不仅使作物健壮生长、抗性提高，而且又可以恶化某些病虫的生活环境和食物条件，达到抑制病虫的目的。

（3）运用合理的栽培技术。深耕改土、改进播种、合理密植、科学施肥与灌溉、适时中耕除草、改进收获方式等，都可使作物健壮生长，增强抗病虫能力，同时又能减少病虫发生。

二、物理防治

利用各种物理因素和机械设备防治病虫害，称为物理防治法。此法简单易行，经济安全。

物理防治的主要措施如下。

（1）捕杀法。人工直接捕杀或利用器材消灭害虫的方法，如人工捕杀地老虎幼虫。

（2）诱杀法。利用害虫的趋光性和趋化性等趋性诱杀多种害虫。

（3）淘汰法。利用风选、筛选和泥水、盐水浮选等方法，淘汰有病虫的种子，去除菌核、虫瘿等。

（4）温度处理。夏季利用室外日光晒种，能杀死潜伏在其中的害虫，烘干机也可以取得同样的效果。利用作物种子耐热力略高于病原物致死高温的特点进行温汤浸种以消灭潜伏在种子内外的病原物。在北方地区，可在冬季对种子进行低温冷冻，消灭其中的害虫。

（5）激光杀虫法。近年来，国内外用红宝石、铵、二氧化碳激光器的光束杀死多种害虫。

（6）其他技术。高频电流、超声波等防治储粮害虫也有很好的效果。

三、生物防治

利用有益生物或有益生物的代谢产物来防治病虫害，称为生物防治法。生物防治法的优点是对人畜安全，不污染环境，控制病虫作用比较持久。一般情况下，病虫不会产生抗性。因此，生物防治是病虫防治的发展方向。

生物防治的主要措施如下。

（1）以虫治虫。利用天敌昆虫来防治害虫。天敌昆虫有捕食性和寄生性两大类。利用天敌昆虫防治害虫的主要途径有3种：一是保护、利用自然天敌昆虫；二是繁殖、释放天敌昆虫；三是引进天敌昆虫。目前，我国正在试验应用赤眼蜂、金小蜂、肉食性瓢虫、草蛉等防治松毛虫、玉米螟、棉红铃虫、棉蚜等害虫，已取得了一定成效。

（2）以菌治虫。利用微生物或其代谢产物控制害虫总量。我国生产的细菌杀虫剂主要是苏云金杆菌类的杀螟杆菌、青虫菌、红铃虫杆菌等，真菌杀虫剂主要是白僵菌，病毒杀虫剂主要是核型多角体病毒。

（3）以菌治病。利用微生物分泌的某种特殊物质，抑制、杀灭其他微生物。这种特殊物质称为抗生素，能产生抗生素的菌类称为抗生菌。抗生菌主要是放线菌和真菌中的一些菌种。目前推广应用的抗生素有井冈霉素、春雷霉素、多抗霉素、多杀霉素、宁南霉素等。一些抗生素如阿维菌素兼具杀虫、杀螨作用。

四、化学防治

化学防治在综合防治病虫害中占有非常重要的位置，有助于促进农业增产增收。它具有以下优点。

（1）防治效果显著，收效快，既可在病虫发生之前作为预防性措施，又可在病虫发生之后作为急救措施，迅速消除病虫为害，达到立竿见影的效果。

（2）使用方便，受地区和季节性限制小。

（3）可大面积使用，便于机械化。

（4）防治对象广，几乎所有的作物病虫均可用化学农药防治。

（5）可工业化生产、远距离运输和长期保存。

但化学防治法有其局限性，由于长期、连续、大量使用化学农药，相继出现了一些新问题，如病、虫、草产生抗药性，化学防治成本上升；破坏生态平衡；污染环境等。在使用过程中应充分认识化学防治的优缺点，趋利避害，扬长避短，使化学防治与其他防治方法相互协调，配合使用。

第七章　高效飞防植保技术

第一节　植保无人机的认识

一、植保无人机的概念

植保无人机是一种无人驾驶的小飞机，采用超低容量喷雾技术，雾滴直径为 10~150 微米，亩喷洒量 500~1 000毫升，在低空喷洒，每分钟可完成一亩地左右的作业，每架次喷洒面积 10~30 亩。操作手可通过地面遥控器及 GPS 定位对植保无人机实施控制，植保无人机旋翼产生的向下气流有助于增加药液雾流对农作物的穿透性，作业时不受地面状况影响，并可通过搭载视频器件，对病虫害进行实时监控。随着植保无人机的性能不断改进，作业精准度得到提高，农业规模化发展也使得植保无人机应用前景广阔。

二、植保无人机的类型

目前国内销售的植保无人机分为两类：油动植保无人机和电动植保无人机。

油动植保无人机优点：载荷大，满载 15~120 升；航时长，单架次作业范围大；燃料易于获得，可采用汽油混合物作燃料等。不足之处：由于燃料是采用汽油和机油混合，不完全燃烧的废油会喷洒到农作物上，造成农作物污染；售价高，大功率植保无人机一般售价在每架 30 万~200 万元；整体维护较难，因采用汽油机作动力，其故障率高于电机；发动机磨损大，寿命 300~500 小时。

电动植保无人机优点：环保，无废气，不造成农田污染；易于操作和维护，一般 7 天就可操作自如；售价低，一般在每架 10 万~18 万元，普及化程度高；电机寿命可达上万小时等。不足之处：载荷小，可负载 5~15 升；航时短、单架次作业时间一般 4~10 分钟，每架次作业面积 10~20 亩；采用锂电作为动力电源，外场作业需要配置发电机，及时为电池充电。

三、植保无人机的优势

（一）高效安全

植保无人机飞行速度快，规模作业能达到每小时 120~150 亩，其效率比常规喷洒至少高出 100 倍；喷洒作业人员通过地面遥控或 GPS 飞控操作植保无人机，远距离操作避免暴露于农药下的危险，提高了喷洒作业的安全性。

（二）节约水药，降低成本

电动植保无人机喷洒技术采用喷雾喷洒方式至少可以节约 50% 的农药使用量和 90% 的用水量，极大地降低资源成本。

（三）防治效果显著

植保无人机具有作业高度低、飘移少、可空中悬停等特点，喷洒农药时旋翼产生的向下气流有助于增加药液雾流对农作物的穿透性，防治效果好。

（四）成本低，易操作

电动植保无人机整体尺寸小，重量轻，折旧率低，易保养，单位作业人工成本低；容易操作，操作人员一般经过 30 天左右的训练即可掌握要领并执行任务。

四、植保无人机的系统组成

植保无人机组由飞行器、飞控系统、喷雾系统组成，地面操作人员与农药施药装置共同形成一个完整的农药高效应用系统。

(一) 飞行器

飞行器按旋翼分，可分为单旋翼（单轴）与多旋翼（多轴）两种，目前我国多旋翼植保无人机已形成系列，包括4旋翼、6旋翼、8旋翼、18旋翼和24旋翼多种类型。

飞行器按动力分，可分为油动与电动两种。从2008年开始，我国植保无人机市场上以油动单旋翼植保无人机为主，其市场占有率高达95%以上；自2012年至今，植保无人机市场上的机型发生了根本性的变化，各类电动多旋翼植保无人机市场占有率高达98%以上。

(二) 飞控系统

无人机飞控系统通常采用分层控制，包括姿态控制、航向控制、速度控制和位置控制。为了高效地完成植保任务，植保无人机的控制模式分为自动起飞、自动降落、自动返航、半自主作业和全自主作业等模式。遥控系统分为地面遥控器和机载接收机。

(三) 喷雾系统

植保无人机的喷雾系统主要由药箱、雾化装置、液泵及其附件（稳压调压装置）等部分组成。农药药液在液泵的压力作用下从药箱通过管路到达喷头，在喷头处经液力式喷头或离心式喷头雾化后喷洒到靶标作物上。当前，我国植保无人机喷雾系统的液泵、雾化喷头等部件大都采用传统的地面机具喷雾装备，由于缺乏地面喷雾机械必配的稳压调压装置，无法实现稳压调压。而且，为了确保无人机飞行安全、降低能耗以及提升效率等，无人机生产厂商都希望把除药箱以外的其他部件载荷设计得越轻越好。在这种情况下，作为植保无人机喷雾系统中的一些必需部件，如稳压调压装置、回流搅拌装置等在植保无人机上均被省去，因此这种喷雾系统很容易出现工作性能不稳定、因喷雾压力不稳定喷出的农药量时多时少、关键部件寿命缩短、喷洒出的雾滴不断变化（雾滴谱极宽、沉积分布不均匀）等严重影响施药质量与防效的问题，导致无人机作业效率下降、成本上升、防治效果不佳以及对非靶标区域产生药害等不良后果。

综上所述，考虑到植保无人机这一新兴行业的快速发展，深入研究植保无人机低空低量施药技术的迫切性不容忽视，更好地认知新兴的无人机施药技术有助于优化无人机设计、推广与应用，促进农药的高效、安全使用，为中国农用植保无人机市场的健康、有序发展作出贡献。

第二节　植保无人机飞防药剂

一、植保无人机飞防药剂

植保无人机具有单次作业面积大、作业高度（3~5米）高、速度快、受气象因素影响大的特点，所以喷洒时大多采用超低量喷雾，要求药液浓度高、喷洒雾滴细，此外，药液不仅需要具备抗挥发和抗飘失性能，而且需要具备较好的沉积和扩展性能，可以保证药液在靶标上的润湿、铺展和吸收，提高药液利用率。植保无人机施药时用水量较少，一般作物药液用量仅为7.5~15.0升/公顷，如果药液浓度高且制剂分散性差、粒子粒径大，不仅容易堵塞喷头，而且容易对作物产生药害。最初，使用最多的超低容量液剂（ULV）为油剂，在我国已取得"三证"的超低容量液剂的产品见表7-1，登记证持有人以广西田园生化股份有限公司为主，且产品以白僵菌、绿僵菌等生物药剂为多，主要用于防治水稻螟虫、飞虱、纹枯病和小麦蚜虫等，但也并未明确表示专用于飞防。

表 7-1　在国内已获得登记的超低容量液剂产品

含量及登记名称	农药类别	防治对象	登记单位
5%氯虫苯甲酰胺	杀虫剂	水稻稻纵卷叶螟、水稻二化螟、甘蔗螟、玉米螟	广西田园生化股份有限公司
1.5%阿维菌素	杀虫剂	水稻稻纵卷叶螟、小麦红蜘蛛	广西田园生化股份有限公司
1%甲氨基阿维菌素苯甲酸盐	杀虫剂	水稻稻纵卷叶螟	广西田园生化股份有限公司
3%茚虫威	杀虫剂	水稻稻纵卷叶螟	广西田园生化股份有限公司
6%甲维·茚虫威	杀虫剂	水稻稻纵卷叶螟	广西德丰富化工有限责任公司
20%二嗪磷	杀虫剂	水稻二化螟	广西田园生化股份有限公司
5%烯啶虫胺	杀虫剂	水稻稻飞虱	广西田园生化股份有限公司
3%呋虫胺	杀虫剂	水稻稻飞虱	浙江新安化工集团股份有限公司
3%噻虫嗪	杀虫剂	小麦蚜虫	河南金田地农化有限责任公司
4%阿维·噻虫嗪	杀虫剂	小麦蚜虫	河南金田地农化有限责任公司
6%噻呋·氟环唑	杀菌剂	水稻纹枯病	广西德丰富化工有限责任公司

（续表）

含量及登记名称	农药类别	防治对象	登记单位
5%苯醚甲环唑	杀菌剂	水稻纹枯病	广西田园生化股份有限公司
5%嘧菌酯	杀菌剂	水稻纹枯病	广西田园生化股份有限公司
3%戊唑醇	杀菌剂	水稻稻曲病	广西田园生化股份有限公司
10%唑醚·戊唑醇	杀菌剂	小麦白粉病	河南金田地农化有限责任公司

目前，飞防作业主要选择水乳剂和微乳剂等粒径相对较小的制剂。另外，油悬浮剂、可分散油悬浮剂等剂型由于高效、安全和抗蒸发的优点也引起广泛关注，但此类产品的稳定性问题仍亟待解决；悬浮剂、微囊悬浮剂、可溶液剂、水分散粒剂等也可以用于飞防，但不同产品的稀释稳定性以及与相关喷雾助剂的配伍性和有效性则需要通过大量试验来进行验证，从而防止因其物理稳定性或分散稳定性而影响喷洒效果。与此同时，随着现代农业的快速发展，纳米制剂已经成为飞防专用药剂研究的重点。

二、植保无人机的飞防助剂

植保无人机进行药液喷洒时容易受飞行高度、风速和温度等因素干扰而出现雾滴飘移和水分快速蒸发的现象，严重影响飞防效果，甚至对作物产生药害。因此，添加一定量合适的飞防助剂对雾滴特性进行调控，既可以提高药效，又可以减轻药害。

目前，市面上的飞防助剂仍来源于传统的桶混喷雾助剂，主要包括表面活性剂类、高分子聚合物类和植物油类等。

（一）表面活性剂类

表面活性剂类飞防助剂以有机硅类化合物为主，能够显著降低药液表面张力，有利于雾滴在靶标表面的润湿、铺展，在减少雾滴反弹的同时，达到提高雾滴沉积量的效果。此外，添加该类助剂后药液的渗透性较好，有利于药液穿过叶片气孔直接进入植物体内，从而使靶标在较短时间里吸收更多药液。然而，有机硅类飞防助剂的抗飘移、抗挥发作用较差，不适宜直接作为飞防专用助剂，经常与其他助剂混合使用。

（二）高分子聚合物类

高分子聚合物类飞防助剂以瓜尔胶、聚丙烯酰胺等天然或人工合成的物质为原料而制成，特点是能够显著提高药液体系的黏度，从而增大药液雾化时雾滴的粒径，最终减少雾滴飘移，增加其在靶标表面的附着力，减少反弹和滑落，从而提高药液在单位面积内的沉积量。该类飞防助剂也具有降低药液表面张力的作用，但与表面活性剂类飞防助剂相比降低效果并不明显。

（三）植物油类

植物油类飞防助剂通常以从油菜、大豆等油料作物中提取的植物油或酯化后的植物油而制成。植物油中含有大量的油酸，对疏水性靶标植物叶片表面具有更高的亲和力，可以使雾滴在靶标表面牢固附着并快速铺展。此外，植物油中含有大量的脂肪酸，能在雾滴表面形成具有一定强度的分子膜，从而阻止雾滴中水分的挥发。值得关注的是，植物油在一定程度上可以溶解或疏松植物叶表面蜡质层，有利于药液渗透吸收。

第三节　植保无人机的作业流程

一、确定防治任务

展开飞防服务之前，首先需要确定防治农作物类型、作业面积、地形、病虫害情况、防治周期、使用药剂类型，以及是否有其他特殊要求。具体来讲就是勘察地形是否适合飞防、测量作业面积、确定农田中的不适宜作业区域（障碍物过多可能会有炸机隐患）、与农户沟通、掌握农田病虫害情况报告，以及确定防治任务所用的药剂。

需要注意的是，药剂一般由农户自主采购或者由地方植保站等机构提供，药剂种类较杂且有大量的粉剂类农药。由于粉剂类农药需要大量的水去稀释，而植保无人机要比人工节省90%的水量，所以如不能够完全稀释粉剂，容易造成植保无人机喷洒系统堵塞，影响作业效率及防治效果。因此，需要和农户提前沟通，让其购买非粉剂农药，比如水剂、悬浮剂、乳油等。

另外，植保无人机作业效率根据地形一天为 200～600 亩，所以需要提前配比充足的药量，或者由飞防服务团队自行准备飞防专用药剂，进而节省配药时间，提高作业效率。

二、确定飞防队伍

确定防治任务后，就需要根据农作物类型、面积、地形、病虫害情况、防治周期和单台植保无人机的作业效率，来确定飞防人员、植保无人机数量，以及运输车辆。一般农作物都有一定的防治周期，在这个周期内如果没有及时将任务完成，将达不到预期的防治效果。对于飞防服务队伍而言，首先应该做到的是保证防治效果，其次才是如何提升效率。

举例来说，假设防治任务为水稻 2 500 亩，地形适中，病虫期在 5 天左右，单旋翼油动植保无人机保守估计日作业面积为 300 亩。300 亩×5 天＝1 500 亩，所以需要出动 2 架单旋翼油动植保无人机：1 台单旋翼油动植保无人机作业最少需要 1 名飞手

（操作手）和 1 名助手（地勤），所以此防治任务需要 2 名飞手与 2 名助手。最后，1 台中型面包车即可搭载 4 名人员和 2~3 架单旋翼油动植保无人机。

需要注意的是，考虑到病虫害的时效性及无人机在农田相对恶劣的环境下可能会遇到突发问题等因素，飞防作业一般可采取 2 飞 1 备的原则，以保障防治效率。

三、环境天气勘测及相关物资准备

首先，进行植保飞防作业前，应提前查知作业地近几日的天气情况（温度及是否有伴随大风或者雨水），恶劣天气会对作业造成困扰。提前确定这些数据，更方便确定飞防作业时间及其他安排。其次，做好物资准备，电动多旋翼需要动力电池（一般为 5~10 组）、相关的充电器，以及当地作业地点不方便充电时可能要随车携带发电设备。单旋翼油动植保无人机则要考虑汽油的问题，因为国家对散装汽油的管控，所以要提前加好所需汽油或者掌握作业地加油条件（一般采用 97 号汽油），到当地派出所申请农业散装用油证明备案。最后，要准备相关配套设施，如农药配比和运输需要的药壶或水桶、飞手和助手协调沟通的对讲机，以及相关作业防护用品（眼镜、口罩、工作服、遮阳帽等）。如果防治任务是包工包药的方式，就需要飞防团队核对药剂类型与需要防治作物病虫害是否符合，数量是否正确。

一切准备就绪，天气适中，近期无雨水、无大风（一般超过 3 级风将会把药剂吹走散失），即可出发前往目的地开始飞防任务。

四、开始飞防作业

首先，飞防团队应提前到达作业地块，熟悉地形、检查飞行航线路径有无障碍物、确定飞机起降点，及作业航线基本规划。

其次，进行农药配置，一般需根据植保无人机作业量提前配半天到一天所需药量。

最后，植保无人机起飞前检查，相关设施测试确定（如对讲机频率、喷洒流量等），然后报点员就位，飞手操控植保无人机进行喷洒服务。

在保证作业效果效率（例如，航线直线度、横移宽度、飞行高度、是否漏喷重喷）的同时，飞机与人或障碍物的安全距离也非常重要。任何飞行器突发事故时对人危险性较高，作业过程必须时刻远离人群，助手及相关人员要及时进行疏散作业区域人群，保证飞防作业安全。

用药时应使用高效、低毒、检测无残留的生物农药，以避免在喷洒过程中对周围的动植物产生不良影响、纠纷和经济损失。气温高于 35 ℃时，应停止施药，高温对药效有一定影响。

一天作业任务完毕，应记录作业结束点，方便第二天继续在前一天作业田块位置进行喷洒。然后是清洗保养植保无人机、对其系统进行检查、检查各项物资消耗（农药、汽油、电池等）。记录当天作业亩数和飞行架次、当日用药量与总作业亩数是否吻合等，从而为第二天作业做好准备。

第四节　植保无人机维护保养

一、电气维护

（一）植保无人机电源的更换

植保无人机电源电量不足时，需要把耗完电的电池组从电池仓中拆卸下来，将已充好电的电源安装上去。

（二）植保无人机电源的充电

将拆卸下来的电源连接充电器，充电指示灯正常，按规定时间充好电后，拔下充电器，将充好电的电池放到规定位置备用。

（三）电气线路的检测与更换

（1）检查连接插头是否松动。

（2）更换破损老化的线路。

（3）使用酒精擦拭污物，防止短路。

（4）对焊点松脱处进行补焊。

二、机体维护

（一）机体的清洁保养

植保无人机腐蚀的控制和防护是一项系统工程，其过程包括两个方面：补救性控制和预防性控制。补救性控制是指发现腐蚀后再设法消除它，这是一种被动的方法。预防性控制是指预先采取必要的措施防止或延缓腐蚀损伤，尽量减小腐蚀损伤对飞行安全的威胁，是一项保持植保无人机安全性和耐久性的重要任务。腐蚀的预防性控制又分设计阶段、无人机制造阶段和使用维护阶段。下面主要介绍预防植保无人机腐蚀的机体维护方法。

1. 定期冲洗植保无人机表面的污染物

植保无人机在使用过程中不可避免地会积留沙尘、金属碎屑以及其他腐蚀性介质。由于这些物质会吸收湿气，加重局部环境腐蚀，因此，必须定期清洗植保无人机表面污染物，保持其表面洁净，这是一种简便的、有效的机体防腐蚀措施。

（1）植保无人机机体的冲洗。冲洗不仅美化了植保无人机形象，而且也减少了产生腐蚀的外因。冲洗能去除堆积在植保无人机表面上的腐蚀性污染物（如植保无人机飞行期间所接触到的废气、废水、盐水及污染性尘埃等），从而减缓了腐蚀速度。

（2）酸、碱的清除。酸、碱来自电池组仓内（充电和维护过程），来自日常维护工作中广泛使用的酸性、碱性、腐蚀产物去除剂和无人机清洗剂等。

2. 加强润滑

接头摩擦表面、轴承和操纵钢丝的正常润滑十分重要，高压冲洗或蒸汽冲洗后的再润滑也不容忽视。润滑剂除了能有效防止或减缓功能接头和摩擦表面的磨蚀外，也能防止或减缓静态接头缝隙的腐蚀。对静态接头在安装时使用带缓蚀剂的润滑脂包封。

3. 保持植保无人机表面光洁

植保无人机表面的光洁与否，将直接影响到机体的腐蚀速度。表面如果粗糙不平，与空气接触面积将会增大，也会加大尘埃、腐蚀性介质和其他脏物在表面的吸附概率，从而加快腐蚀速度。

（二）机翼、尾翼的更换

机翼、尾翼与机身连接件的强度、限位不正常，连接结构部分有损坏时，需要对机翼、尾翼进行更换。更换步骤如下。

（1）将机身放置于平整地面，拧下尾翼螺钉，卸下已经损坏的尾翼、尾翼插管及定位销。

（2）安装新的尾翼插管及定位销，安装尾翼并固定尾翼螺钉。

（3）将与机翼连接的副翼线缆及空速管断开。

（4）拧下机翼固定螺钉，卸下已经损坏的机翼及中插管。

（5）安装完好的中插管及机翼，固定机翼螺钉。

（6）连接空速管及副翼舵机。

（三）起落架的更换

因植保无人机在着陆过程中，起落架受到地面冲击载荷的作用，一些紧固件会松动或丢失，从而加速磨损和损坏。除此之外，因起落架起落次数多，或者装载质量重，也会使部件产生疲劳裂纹，或使裂纹扩展。起落架损坏过于严重时，需要对其进行更换。更换步骤如下。

（1）松开起落架与机身底部的螺钉。

（2）取下起落架。

（3）修整起落架或更换新的起落架。

（4）更换已经磨损的轮子。

（5）将修好或新的起落架重新用螺钉固定到机身底部。

三、发动机维护

（一）发动机的拆装

应准备好工具。此外还要有一个盛放拆卸下来的零件及螺钉的盒子，防止碰坏或丢失。

（1）将植保无人机机身固定，用相关工具卸下连接发动机和植保无人机机体的螺钉，并将螺钉、螺帽、垫片等放于盛放零件的盒子内。

（2）螺钉都拆卸完后，把发动机从植保无人机机身中拿出，放于平坦处。

（3）发动机完成维护保养后，将发动机安装回原位。

（二）螺旋桨的更换

将螺旋桨装在发动机输出轴前部的两个垫片间，转动曲轴使活塞向上运动并开始压缩，同时将螺旋桨转到水平方向，然后用扳手（不能用平口钳）拧紧桨帽，并把螺旋桨固定在水平方向上。经验证明，螺旋桨固定在水平方向，有利于拨桨启动；当植保无人机在空中暂停后，活塞被汽缸中气体"顶住"不能上升，螺旋桨也就停止在水平位置上，这就大大减少了植保无人机下滑着陆时折断螺旋桨的可能性。因此，要养成在活塞刚开始压缩时将螺旋桨装在水平方向的习惯。注意不要将螺旋桨装反了，桨叶切面呈平凸形，应将凸的一面靠向前方。

第八章 机收减损技术

第一节 玉米机收减损技术

农机手应选择与作物种植行距、成熟期、适宜收获方式对应的玉米收获机并提前检查调试好机具，确定适宜收获期，执行玉米机收作业质量标准和操作规程，努力减少收获环节的落穗、落粒、破碎等损失。

一、作业前机具检查调试

玉米收获机作业前要做好充分的保养与调试工作，使机具达到最佳工作状态，预防和减少作业故障的发生，提高收获质量和效率。

（一）机具检查

作业季节前要依据产品使用说明书对玉米收获机进行一次全面检查与保养，确保机具在整个收获期能正常工作。经重新拆装、保养或修理后的玉米收获机要认真做好试运转，仔细检查行走、转向、割台、输送、剥皮、脱粒、清选、卸粮等机构的运转、传动、间隙等情况。作业前，要检查各操纵装置功能是否正常；检查各部位轴承及轴上高速转动件（如茎秆切碎装置、中间轴）安装情况；检查离合器、制动踏板自由行程是否适当；检查燃油、发动机机油、润滑油、冷却液是否适量；检查仪表盘各指示是否正常；检查轮胎气压是否正常；检查"V"形带、链条、张紧轮等是否松动或损伤，运动是否灵活可靠；检查和调整各传动皮带的张紧度，防止作业时皮带打滑；检查重要部位螺栓、螺母有无松动；检查有无漏水、渗油等现象；检查所有防护罩是否紧固，窗、密封件、金属挡板等部位是否闭合、密封完全。备足备好田间作业常用工具、零配件、易损零配件等，以便出现故障时能够及时排除。进行空载试运转，检查液压系统工作情况，液压管路和液压件的密封情况；检查轴承是否过热，皮带和链条的传动情况，以及各连接部件的紧固情况。

（二）试收

正式收获前，选择有代表性的地块进行试收，对机器调试后的技术状态进行一次全面的现场检查，根据实际的作业效果和农户要求进行必要调整。

应根据种植行距选择匹配的收获机割台，种植行距与割台割行中心之间的差别在±50毫米以内（宽幅多行收获时应保证种植行距与割行中心距差别在±30毫米以内），超过此限则应更换割台适宜的收获机。收获机进入田间后，接合动力挡，使机器缓慢运转。确认无异常后，将割台液压操纵手柄下压，降落割台到合适位置（使摘穗板或摘穗辊前部位于玉米结穗位下部300～500毫米处），对准玉米行正中，缓慢结合主离合，使各机构运转，若无异常方可使发动机转速提升至额定转速；待各机构运转平稳后，再挂低速挡前进。

应采用收获机使用说明书推荐的参数设置进行试收，采取正常作业速度试收30米左右停机，并倒车至起始位置，检查各位置果穗、籽粒损失、破碎、含杂等情况，确认有无漏割、堵塞等异常情况。检查损失时，应明确损失类型和发生原因。损失区域由籽粒（果穗）相对于联合收获机的位置而定，收获时损失一般包含收割前损失、收获机损失。收割前损失一般由天气、病虫害或其他不利因素造成，这部分损失需要通过品种、田间管理等进行调控。收获机损失一般分为割台损失、脱粒损失、清选损失、苞叶夹带籽粒损失等。应明确收获损失的种类，然后进行针对性调整。

为了减少机械收获损失，应对摘穗辊（或拉茎辊、摘穗板）、输送、剥皮、脱粒、清选等机构视情况进行必要调整。调整后再进行试收检测，直至达到质量标准为止。试收过程中，应注意观察机器工作状况，发现异常及时排除。

二、确定适宜收获期和收获方式

玉米适期收获可增加粒重、减少损失、提高产量和品质，过早或过晚收获将对玉米的产量和品质产生不利影响。玉米成熟的标志见第三章第五节（二）玉米适宜收获期。玉米收获适期因品种、播期及生产目的而异。

果穗收获：对种植中晚熟品种和晚播晚熟品种的地块，当玉米籽粒含水率在25%以上时，应采取机械摘穗、晒场晾棒或整穗烘干的收获方式，待果穗籽粒含水率降至25%以下或东北地区白天室外气温降至-10 ℃时，再用机械脱粒。

籽粒直收：对种植早熟品种的地块，当籽粒含水率降至25%以下或东北地区白天室外气温降至-10 ℃时，可利用玉米籽粒联合收获机直接进行脱粒收获，减少晾晒再脱粒成本。要根据当时的天气情况、品种特性和栽培条件确定适宜收获期，合理安排收获顺序，做到因地制宜、适时抢收，确保颗粒归仓。如遇雨期迫近，或急需抢种下茬作物，或品种易落粒、折秆、掉穗、穗上发芽等情况，应适当提前收获。

三、机收作业质量要求

玉米机收作业时应严格按表8-1中作业质量标准执行。

表8-1 玉米收获机作业质量标准

项目	果穗收获	籽粒直收
总损失率	≤ 3.5%	≤ 4.0%
籽粒破碎率	≤ 0.8%	≤ 5.0%
苞叶剥净率	≥ 85%	/
含杂率	≤ 1.0%	≤ 2.5%
茎秆切碎合格率	≥ 90%	
污染情况	收获作业后无油料泄漏造成的粮食和土地污染	

四、减少机收环节损失的措施

(一)检查作业田块

农机手操作玉米收获机进入地块收获前,必须先了解地块的基本情况,包括玉米品种、种植行距、密度、成熟度、产量水平、最低结穗高度、果穗下垂及茎秆倒伏情况,是否需要人工开道、清理地头、摘除倒伏玉米等,以便提前制订作业计划。对地块中的沟渠、田埂、通道等予以平整,并将地里水井、电杆拉线、树桩等不明显障碍进行标记,以利于安全作业。根据地块大小、形状,选择进地和行走路线,以利于运输车装车,尽量减少机车的进地次数。

(二)选择作业行走路线

收获机作业时保持直线行驶,避免紧急转向。在具体作业时,农机手应根据地块实际情况灵活选用。转弯时应停止收割,采用倒车法转弯或兜圈法直角转弯,不要边收边转弯,以防分禾器、行走轮等压倒未收获的玉米，造成漏割损失，甚至损毁机器。选择正确的收获作业方向，应尽量避免横向收割，特别是在垄较高的田块，横向收割会造成机器大幅度颠簸，进而加大收割损失，甚至造成机具故障。

（三）选择作业速度

每种型号收获机的喂入量是有一定限度的，应根据玉米收获机自身喂入量、玉米产量、植株密度、自然高度、干湿程度等因素选择合理的作业速度。应保证前进速度与拉茎辊转速、拨禾链速度同步，避免速度不同步造成的割台落穗损失。通常情况下，开始时先用低速收获，然后适当加快作业速度，最后采用正常作业速度进行收获，严禁为追求效率单方面加快前进速度。收获中注意观察摘穗机构、剥皮机构等是否有堵塞情况。当玉米稠密、植株大、产量高、行距宽窄不一、地形起伏不定、早晚及雨后作物湿度大时，应适当减慢作业速度；低速行驶时，不能减慢发动机转速。晴天的中午前后，秸秆干燥，收获机前进速度可快一些。严禁用行走挡进行收获作业。

（四）调整作业幅宽或收获行数

在负荷允许、收割机技术状态完好的情况下，控制好作业速度，尽量满幅或接近满幅工作，保证作物喂入均匀，防止喂入量过大，影响收获质量，增加损失率、破碎率。当玉米行距宽窄不一，可不必满幅作业，避免剐蹭相邻行茎秆，导致植株倒折及果穗掉落，增加损失。

（五）保持合适的留茬高度

留茬高度应根据玉米的高度和地块的平整情况而定，一般留茬高度要小于80毫米，也可高留茬300~400毫米，后期再进行秸秆处理。秸秆还田机作业时，既要保证秸秆粉碎质量，又应避免还田刀具太低打土，造成损坏。采用保护性耕作技术种植的玉米，收获时留茬高度尽可能控制在 150～250 毫米，以利于根茬固土，形成"风墙"，起到防风、降低地表风速和阻挡秸秆堆积的作用。如安装灭茬机时，应确保灭茬刀具的入土深度，使灭茬深浅一致，以保证作业质量。定期检查切割粉碎质量和留茬高度，根据情况随时调整。

（六）调整摘穗辊式摘穗机构工作参数

对于摘穗辊式的摘穗机构，收获损失略大，籽粒破碎率偏高，尤其是在摘穗辊转速过低时，果穗与摘穗辊的接触时间较长，玉米果穗被啃伤的概率增加；摘穗辊转速过高时，果穗与摘穗辊的碰撞较为剧烈，玉米果穗被啃伤、落粒的概率增加；因此应合理选择摘穗辊转速，达到有效降低籽粒破碎率、减少籽粒损失的目的。当摘穗辊的间隙过小时，碾轧和断茎秆的情况比较严重，而且会有较粗大的秸秆不能顺利通过而产生堵塞；间隙过大时会啃伤果穗，并导致掉粒损失增加。因此，摘穗辊间隙应根据玉米形状特点进行调整，适应不同粗细的茎秆、果穗，以减少果穗、籽粒的损失。

（七）调整拉茎辊与摘穗板组合式摘穗机构工作参数

两个拉茎辊之间及两块摘穗板之间的间隙正确与否对减少损失、防止堵塞有很大影响，必须根据玉米品种、果穗大小、茎秆粗细等情况及时进行调整。

拉茎辊间隙调整：拉茎辊间隙是指拉茎辊凸筋与另一拉茎辊凹面外圆之间的间隙，一般取 10～17 毫米。当作物茎秆粗、含水率高、植株密度大时，间隙应适当大些，反之间隙应小些。间隙过大，拉茎不充分、易堵塞，果穗损失增大；间隙过小，咬断茎秆情况严重。

摘穗板间隙调整：间隙过小，会使大量的玉米叶、茎秆碎段混入玉米果穗中，含杂较大；间隙过大，会造成果穗损伤、籽粒损失增大。应根据被收玉米性状特点找到理想的摘穗板工作间隙。

（八）调整剥皮装置

对于摘穗剥皮型玉米收获机，要保证压送器与剥皮辊有合理间距。间距过小时，玉米果穗与剥皮辊的摩擦力大、剥净率高，但果穗易堵塞，果穗损伤率、落粒率均高。剥皮辊倾角一般取10°~12°，倾角过小时，果穗作用时间长，损伤率、落粒率均高。

（九）调整脱粒、清选等工作部件

玉米籽粒直收时，建议采用纵轴流脱粒滚筒配合圆杆式凹板结构降低籽粒破碎率。脱粒滚筒的转速、脱粒间隙和输送叶片角度的大小，是影响玉米脱净率、破碎率的重要因素。在保证破碎率不超标的前提下，可通过适当提高脱粒滚筒的转速、减小滚筒与凹板之间的间隙、正确调整入口与出口间隙之比等措施，提高脱净率，减少脱粒损失和破碎率。

清选损失和含杂率是对立的，调整时要统筹考虑。在保证含杂率不超标的前提下，可通过适当减小风扇风量、调大筛子的开度及提高尾筛位置等，减少清选损失。作业中要经常检查逐稿器机箱内秸秆堵塞情况，及时清理。轴流滚筒可适当减小喂入量和提高滚筒转速，以减少分离损失。

（十）收割过熟作物

玉米过度成熟时，茎秆过干易折断、果穗易脱落，脱粒后碎茎秆增加易引起分离困难，收获时应适当减缓收获机前行速度，适当调整清选筛开度，也可安排在早晨或傍晚茎秆韧性较大时收割。

（十一）收割倒伏作物

1. 适宜机具选择

收获倒伏玉米宜选用割台长度长、倾角小、分禾器尖能够贴地作业的玉米收获机。对于有积水或土壤湿度大的地块，宜选用履带式收获机，防止陷车。

2. 适当调试改装机具

适当调整或改装辊式分禾器、链式辅助喂入器和拨指式喂入器等装置，提高倒伏作物喂入的流畅性；针对籽粒收获机，应调整滚筒转速和脱粒间隙（包括进口间隙和出口间隙）等，避免过度揉搓，减少高水分籽粒破损率。

3. 合理确定作业方式

对于倒伏方向与种植行平行的玉米植株宜采取逆向对行收获方式，并空转返回，有利于扶起倒伏玉米进行收割；对于倒伏方向不一致的玉米植株宜采取往复对行收获作业方式。作业时收获机分禾器前部应在垄沟内贴近地面，并断开秸秆还田装置动力或将该装置提升至最高位置，防止漏收玉米果穗被打碎，方便人工捡拾，减少收获损失。收获作业时应适当减慢收获速度，确保收获机正常作业性能，及时清理割台，防止倒伏玉米植株不规则喂入等原因造成堵塞，影响作业效果，加大作业损失。

（十二）坡地收获

采用螺旋式分禾器，或者安装分离装置格栅盖来改善分离效果，提高机器在坡地上的作业性能。使用割台时，在不漏割矮穗的前提下，尽可能提高作物的切割高度。

（十三）规范作业操作

农机手应随时观察收获期作业状况，避免发生分禾器或摘穗机构碰撞硬物、漏收、喂入量过大、还田机锤爪打土等异常现象。作业过程中不得随意停车，若需停车，应先停止前进，让收获机继续运转 30 秒左右，然后再切断动力，以减少再次启动时发生果穗断裂和籽粒破碎的现象。

第二节 水稻机收减损技术

农机手应提前检查调试好机具，确定适宜收获期，严格按照作业质量标准和操作规程，减少机收获环节损失。

一、作业前机具检查调试

作业前要保持机具良好的工作状态，预防和减少作业故障，提高作业质量和效率。

（一）机具检查

作业季节开始前要依据产品使用说明书对联合收割机进行一次全面检查与保养，确保机具在整个收获期能正常工作。检查清理散热器，将散热器上的草屑、灰尘清理干净，防止散热器堵塞而引起发动机过热、水箱温度过高，应在每个工作班次间隙及时清理；检查空气滤清器，每班次前检查空气滤清器滤网堵塞情况，进行必要清理；检查割台、输送带及传动轴等运动及连接部分的紧固件和连接件，防止松动；检查各润滑油、冷却液是否需要补充；检查各运转部件及升降系统是否工作正常；检查和调整各传动皮带的张紧度，防止作业时皮带过度张紧或过松打滑；检查搅龙箱体、粮仓连接部、振动筛周边等密封性，防止连接部间隙增大或密封条破损导致漏粮；检查脱粒齿、凹板筛是否过度磨损。

（二）试割

正式作业开始前要进行试割。试割作业行进长度以 30 米左右为宜，根据作物、田块的条件确定适合的作业速度，对照作业质量标准仔细检测试割效果（损失率、含杂率和破碎率），并以此为依据对相应部件（如风机进风口开度、振动筛筛片角度、脱粒间隙、拨禾轮位置、半喂入收割机的喂入深浅、全喂入收割机的收割高度等）位置及参数进行调整。调整后再进行试割并检测，直至达到质量标准为止。作物品种、田块条件有变化时要重新试割和调试机具。

二、确定适宜收获期

确定适宜收获期，防止过早或过迟收获造成脱粒清选损失或割台损失增加。针对不同田块大小、软硬程度、倒伏情况选择合适的收获机型和方式。选择晴好天气，及时收割。

（一）根据水稻生长特征判断确定

水稻的蜡熟末期至完熟初期较为适宜收获，此时稻谷籽粒含水率为 15%~28%。一般认为，谷壳变黄、籽粒变硬、水分适宜、不易破碎时标志着水稻进入完熟期。水稻分段式割晒机作业一般适宜在蜡熟末期进行。

（二）根据稻穗外部形态判断确定

一般来说，水稻谷粒变硬，水稻穗部 90% 以上籽粒谷壳及穗轴、枝梗转黄时即可进行收获。不同类型品种，其稻穗籽粒落粒性不同，籼稻比粳稻更容易落粒。落粒性强的品种可以适当早收，不易落粒的品种可以适当晚收。在易发生自然灾害或复种指数较高的地区，为抢时间，可提前至九成熟时开始收获。

（三）根据生长时间判断确定

一般南方早籼稻适宜收获期为齐穗后 25~30 天，中籼稻为齐穗后 30~35 天，晚籼稻为齐穗后 35~40 天，中晚粳稻为齐穗后 40~45 天；北方单季稻区适宜收获期为齐穗后 45~50 天。

三、机收作业质量要求和测定方法

（一）作业质量标准

机收作业质量应符合《水稻联合收割机　作业质量》（NY/

T 498—2013）标准要求（表8-2）。

表8-2 水稻联合收割机作业质量标准

项目	指标	
	全喂入式	半喂入式
损失率	≤ 3.5%	≤ 2.5%
破碎率	≤ 2.5%	≤ 1.0%
含杂率	≤ 2.5%	≤ 2.0%
茎秆切碎合格率	≥90%	
污染情况	收获作业后无油料泄漏造成的粮食和土地污染	

（二）简易测定法

简易测定法包括半米幅宽法和巴掌法。选择自然落粒少的田块，在收割机稳定作业区域，往返两个行程内随机选取两个取样区，收集区域内掉落地上的籽粒个数，根据当地的稻谷千粒重（或落地籽粒重量）和平均亩产量估算平均损失率。

1. 半米幅宽法

沿着收割机前进方向，划定长为 0.5 米，宽为联合收割机工作幅宽的取样区，按照公式（8-1）计算取样区的损失率。

$$S_i = \frac{W_i}{M \times L \times 0.5} \times \frac{666.66}{1\ 000} \times 100 \qquad (8-1)$$

式中：S_i 为第 i 个取样区损失率，单位为%；W_i 为第 i 个取样区落地籽粒重量，单位为克；M 为收割机工作幅宽，单位为米；L 为水稻亩产量，单位为千克/亩。

如果没有称重条件，可以用往年稻谷千粒重估算落地籽粒重量。以稻谷千粒重25克、亩产量500千克，工作幅宽为2米的收割机为例，按照全喂入收割机标准损失率≤3.5%，半米幅宽法一个取样区域内落地籽粒应不超过 1 050 粒。不同水稻品种按稻谷千粒重、亩产量以及收割机工作幅宽确定落地籽粒判定标准粒数。

2. 巴掌法

用成人的手掌划定取样区域，面积按 0.02 米² 计，按照公式（8-2）计算取样区的损失率。

$$S_i = \frac{N_i \times G}{M \times 0.02 \times 1\,000} \times \frac{666.66}{1\,000} \times 100 \qquad (8\text{-}2)$$

式中：N_i 为第 i 个取样区籽粒数量，单位为个；G 为该地块往年稻谷千粒重，单位为克。

以稻谷千粒重 25 克、亩产量 500 千克为例，按照全喂入收割机标准损失率≤3.5%，巴掌法一个取样区域内落地籽粒应不超过 21 粒。不同水稻品种按稻谷千粒重和亩产量确定落地籽粒判定标准粒数。

四、减少机收环节损失的措施

作业前要实地查看作业田块土地、种植品种、生长高度、植株倒伏、水稻产量等情况，预调好机具状态。作业过程中，严格执行作业质量要求，随时查看作业效果，如遇损失变多等情况要及时调整机具参数，使机具保持良好状态，保证收获作业低损、高效。

（一）选择适用机型

收割生长高度为 650~1 100毫米、穗幅差≤250 毫米的水稻，或收割难脱粒品种（脱粒强度大于 180 克）时，建议选用半喂入式联合收割机。收割易脱粒品种（脱粒强度小于 100 克）或高留茬收获时，建议使用全喂入收割机。作物高度超出 1 100毫米时，可以适当增加割茬高度，半喂入联合收割机要适当调浅脱粒喂入深度。

（二）检查作业田块

检查去除田里木桩、石块等硬杂物，了解田块的泥脚情况，对可能造成陷车或倾翻、跌落的地方做出标识，以保证安全作业。查看田埂情况，如果田埂过高，应用人工在右角割出割幅×机器长度的空地，或在田块两端的田埂开 1.2 倍割幅的缺口，便于收割机顺利下田。

（三）正确开出割道

从易于收割机下田的一角开始，沿着田埂割出一个割幅，割到头后倒退 5~8 米，然后斜着割出第二个割幅，割到头后再倒退 5~8 米，斜着割出第三个割幅；用同样的方法开出横向方向的割道。规划较整齐的田块，可以把几块田连接起来开好割道，割出三行宽的割道后再分区收割，提高收割效率。收割过程中机器保持直线行走，避免边割边转弯，以防压倒部分谷物造成漏割，增加损失。

（四）合理确定行走路线

联合收获机作业行走路线最常用的有以下 3 种。

1. 四边收割法

对于长和宽相近、面积较大的田块，开出割道后，收割一个割幅到割区头，升起割台，沿割道前进 5~8 米后，边倒车边向右转弯，使机器横过 90°，当割台刚好对正割区后，停车，挂上前进挡，放下割台，再继续收割，直到将谷物收完。

2. 纵向两边收割法

对于长和宽相差较大、面积较小的田块，沿田块两头开出的割道，长方向割到割区头，不用倒车，继续前进，左转弯绕到割区另一边进行收割。

3. 分块收割法

根据集粮仓容积、作物产量，估算籽粒充满集粮仓所需的作业长度从而规划收割路径，针对较大田块，收割至田块的适当位置，左转弯收割穿过田块，把一块田分几块进行收割。

（五）选择联合收获机作业速度

作业过程中（包括收割作业开始前1分钟、结束后2分钟）应尽量保持发动机在额定转速下运转。地头作业转弯时，应适当减缓作业速度，防止清选筛面上的物料甩向一侧造成清选损失，保证收获质量。当作物产量超过600千克/亩时，应减缓作业速度，全喂入联合收割机还应适当增加割茬高度并减小收割幅宽。若田间杂草太多，应考虑放慢收割机作业速度，减少喂入量，防止喂入量过大导致作业损失率和谷物含杂率过高等情况。

（六）联合收获机收割潮湿水稻及湿田作业

在季节性抢收时，如遇到潮湿作物较多的情况，应经常检查凹板筛、清选筛是否堵塞，注意及时清理。有露水时，要等到露水消退后再进行作业。在进行湿田收割前，务必仔细确认作物状态（倒伏角的大小）和田块状态（泥泞程度），收割过程中如遇到收割机打滑、下沉、倾斜等情况时，应降低作业速度，不急转弯，不在同一位置转弯，避免急进、急退，尽量减轻收割机的重量（及时排出粮仓内的谷粒）。若在较为泥泞的湿田中收割倒伏作物或潮湿作物，容易造成割台、凹板筛和振动筛的堵塞，因此需低速、少量依次收割，并及时清除割刀和喂入筒入口的秸秆屑及泥土。有条件的地方可以更换半履带，以保证可以在泥泞田块进行正常收获作业。

（七）联合收获机收割倒伏水稻

收割倒伏水稻时，可通过安装扶倒器和防倒伏弹齿装置，尽量减少倒伏水稻收获损失。收割倒伏水稻时放慢作业速度，原则上倒伏角<45°时收割作业不受影响；倒伏角为45°~60°时拨禾轮位置前移、调整弹齿角度后倾；在倒伏角>60°时，使用全喂入联合收割机逆向收割，拨禾轮位置前移且转速调至最低、调整弹齿角度后倾。

（八）联合收获机收割过熟水稻

水稻完全成熟后，谷粒由黄变白，枝梗和谷粒都变干，特别是经过霜冻之后，晴天大风高温时，穗茎和枝梗易折断，这时收获需注意：尽量降低留茬高度，一般在 100~150 毫米，但要防止切割器"入泥吃土"，并且严禁半喂入收获，以减少切穗、漏穗。

（九）分段收获

使用分段式割晒机作业时，要铺放整齐、不塌铺、不散铺，穗头不着地，防止干湿交替、水稻惊纹粒增加、降低品质。捡拾作业时，最佳作业期在水稻割后晾晒 3~5 天、稻谷水分降至 14%左右时，要求不压铺、不丢穗、捡拾干净。

（十）联合收获机规范作业操作

作业时应根据水稻品种、高度、产量、成熟程度及秸秆含水率等情况来选择前进挡位，用作业速度、割茬高度及割幅宽度来调整喂入量，使机器在额定负荷下工作，尽量降低夹带损失，避免发生堵塞故障。要经常检查凹板筛和清选筛的筛面，防止被泥土或潮湿物堵死造成粮食损失，如有堵塞要及时清理。收割作业结束后要及时卸净粮箱存粮。

（十一）联合收获机在线监测

提升装备智能化水平，可在水稻联合收割机上装配损失率、含杂率、破碎率在线监测装置。农机手根据在线监测装置提示的相关指标、曲线，适时调整作业速度、喂入量、留茬高度等作业参数。

第三节 小麦机收减损技术

农机手应根据小麦田间状态提前检查调试好收获机械，确定小麦适宜收割期，执行小麦机收作业质量标准和操作规程，提高作业效率、减少收获环节损失。

一、作业前机具检查调试

开始作业前要保持机具良好的工作状态，预防和减少作业故障，提高作业质量和效率。

（一）机具检查

作业季节开始前要依据产品使用说明书对小麦联合收割机进行一次全面检查与保养，确保机具在整个收获期能正常工作。经重新安装、保养或修理后的小麦联合收割机要认真做好试运转，先局部后整体，认真检查行走、转向、制动、灯光、收割、输送、脱粒、清选、卸粮等机构的运转、传动、操作、间隙等情况，检查有无异常响声和"三漏"（漏油、漏气、漏水）情况，发现问题及时解决，检查各操纵装置功能是否正常；检查离合器、制动踏板自由行程是否适当；检查发动机机油、冷却液是否适量；检查仪表板各指示是否正常；检查轮胎气压是否正常；检查传动链、张紧轮是否松动或损伤，运动是否灵活可靠；检查和调整各传动皮带的张紧度，防止作业时皮带打滑；检查重要部位螺栓、螺母有无松动；检查割台、机架等部件有无变形等。备足备齐田间作业常用工具、零配件、易损零配件及油料等，以便出现故障时能够及时排除。

（二）试割

正式开始作业前要选择有代表性的地块进行试割。试割作业行进长度以 30 米左右为宜，根据作物、田块的条件确定适合的收割速度，对照作业质量标准仔细检查损失率、破碎率、含杂率等情况，有无漏割、堵草、跑粮等异常情况，并以此为依据对割刀间隙、脱粒间隙、筛子开度和（或）风扇风量等情况进行必要调整。调整后再进行试割并检测，直至达到质量标准和农户要求。作物品种、成熟度、干湿程度、田块条件有变化要重新试割和调试机具。试割过程中，应注意观察机器工作状况、倾听机器工作声音，发现异常及时解决。

二、确定适宜收获期

小麦机收宜在蜡熟末期至完熟初期进行，此时产量最高，品质最好。小麦成熟期主要特征：蜡熟中期下部叶片干黄，茎秆有弹性，籽粒转黄色、饱满而湿润、含水率为25%～30%；蜡熟末期植株变黄，仅叶鞘茎部略带绿色，茎秆仍有弹性，籽粒黄色稍硬、内含物呈蜡状、含水率为20%～25%；完熟初期叶片枯黄，籽粒变硬、呈品种本色、含水率在20%以下。

确定收获时间，还要根据当时的天气情况、品种特性和栽培条件，合理安排收割顺序，做到因地制宜、适时抢收，确保颗粒归仓。大面积收获可选择在蜡熟中期开始作业，小面积收获可选择在蜡熟末期作业，以使大部分小麦在适宜收获期内收获。留种用的麦田宜在完熟期收获。如遇雨季迫近，或急需抢种下茬作物，或品种易落粒、折秆、折穗、穗上发芽等情况，应适当提前收获时间。

三、机收作业质量要求和测定方法

（一）作业质量要求

全喂入式联合收割机机收作业质量应符合《谷物（小麦）联合收获机械　作业质量》（NY/T 995—2006）标准要求（表8-3）。

表 8-3　全喂入式联合收割机作业质量标准

项目	指标
损失率	≤ 2.0%
破碎率	≤ 2.0%
含杂率	≤ 2.5%
割茬高度	普通：≤180 毫米；留高茬：≤250 毫米
污染情况	收获作业后无油料泄漏造成的粮食和土地污染

（二）简易测定法

简易测定法包括半米幅宽法和巴掌法。参照前水稻损失率计算公式（8-1）或公式（8-2）进行计算。

半米幅宽法测定损失率时，如果没有称重条件，可以用往年小麦千粒重估算落地籽粒质量。以小麦千粒重 45 克，亩产量 450 千克，工作幅宽为 2 米的收割机为例，按照标准损失率≤2.0%，一个取样区域内落地籽粒应不超过 300 粒。不同小麦品种按千粒重和亩产量确定以及收割机工作幅宽落地籽粒判定标准粒数。

巴掌法测定损失率时，以小麦千粒重 45 克，亩产量 450 千克为例，按照标准损失率≤2.0%，一个取样区域内落地籽粒应不超过 6 粒。不同小麦品种按千粒重、亩产量落地籽粒判定标准粒数。

四、减少机收环节损失的措施

作业过程中，应选择适当的作业参数，并根据自然条件和作物条件的不同及时对机具进行调整，使联合收割机保持良好的工作状态、减少机收损失、提高作业质量。

（一）选择作业行走路线

联合收割机作业一般可采取顺时针向心回转、逆时针向心回转、梭形收割 3 种行走方法。在具体作业时，机手应根据地块实际情况灵活选用，要卸粮方便、快捷，尽量减少机车空行。作业时尽量保持直线行驶。转弯时应停止收割，将割台升起，采用倒车法转弯或兜圈法直角转弯，不要边割边转弯，以防因分禾器、行走轮或履带压倒未割小麦，造成漏割损失。

（二）选择作业速度

根据联合收割机自身喂入量、小麦产量、自然高度、干湿程度等因素选择合理的作业速度。作业过程中（包括收割作业开始前 1 分钟、结束后 2 分钟）应尽量保持发动机在额定转速下运转。通常情况下，采用正常作业速度进行收割，尽量避免急加速或急减速。当小麦稠密、植株大、产量高、早晚及雨后作物湿度大时，应适当放慢作业速度。摘挡停车时，要等小麦脱粒滚筒运转一段时间后，再减小油门熄火停车。

（三）调整作业幅宽

在作业时不能有漏割现象，作业幅宽以割台宽度的 90% 为宜，保证喂入均匀；但当小麦产量过高、湿度过大或留茬高度过低时，以最低挡速度作业仍超载时，应减小割幅，一般割幅减少到 80% 时即可满足要求。

（四）保持合适的割茬高度

割茬高度应根据小麦植株高度和地块的平整情况而定，一般以 100~150 毫米为宜。割茬过高，由于麦穗高度不一致或通过田埂时割台上下波动，易造成漏割损失；同时，拨禾轮的拨禾铺放作用减弱，易造成落地损失。在保证正常收割的情况下，割茬应尽量降低但不小于 50 毫米，以免割刀切入泥土，加速切割器磨损。对于小麦穗头下部茎秆含水率较高地块收获作业时，可选用双层割刀割台，以减少喂入量，降低小麦留茬高度。

（五）调整拨禾轮速度和位置

调整拨禾轮的转速，使拨禾轮线速度为联合收割机前进速度的 1.1~1.2 倍，不宜过高；调整拨禾轮高低位置，应使拨禾轮弹齿或压板作用在被切割作物高度的 2/3 处为宜；调整拨禾轮前后位置，应视作物密度和倒伏程度而定，当作物植株密度大并且倒伏时，适当前移，以增强扶禾能力。拨禾轮转速过高、位置偏高或偏前，易造成小麦穗头籽粒脱落，增加收获损失。调整后，从驾驶室观察，以拨禾轮不翻草、割台不堆积麦秆为宜。

（六）调整脱粒、清选等工作部件

脱粒滚筒的转速、脱粒间隙和导流板角度的大小是影响小麦脱净率、破碎率的重要因素。在保证破碎率不超标的前提下，可通过适当提高脱粒滚筒的转速，减小脱粒滚筒与凹板之间的间隙，正确调整入口与出口间隙之比（一般为 4:1）等措施，提高脱净率，减少脱粒损失。在保证含杂率不超标的前提下，可通过适当减小风扇风量、调大筛子的开度及提高尾筛位置等，减少清选损失。

（七）倒伏小麦的收割

做好联合收割机拨禾轮、脱粒清选系统的调整。适当降低割茬，以减少漏割。倒伏严重时，应采取逆倒伏方向收获，拨禾弹齿后倾 15°~30°，拨禾轮适当前移，可安装专用的扶禾器；顺倒伏方向收获时，拨禾弹齿前倾 15°~30°，以增强扶禾作用。可通过放慢作业速度来减少喂入量，防止堵塞。要适当增加风量，调好风向和筛子的开度，以糠中不裹粮为宜。割台底板轻触地面，割刀距地面高度视倒伏情况调整，以低于 100 毫米为宜。

（八）收割过熟作物

小麦过度成熟时，茎秆过干易折断、麦粒易脱落，脱粒后碎茎秆增加易引起清选困难，收割时应适当调慢拨禾轮转速，防止拨禾轮板击打麦穗造成掉粒损失，同时应放慢作业速度，适当减小清选筛开度，也可安排在早晨或傍晚茎秆韧性较大时收割。

(九) 规范作业操作

作业时应根据作物品种、高度、产量、成熟程度及秸秆含水率等情况来选择作业挡位，用作业速度、割茬高度及工作幅宽来调整喂入量，使机器在额定负荷下工作，尽量降低夹带损失，避免发生堵塞故障。要经常检查凹板筛和清选筛的筛面，防止被泥土或潮湿物堵死造成粮食损失，如有堵塞要及时清理。收割作业结束后要及时卸净粮箱存粮。

(十) 在线监测

提升装备智能化水平，可在小麦联合收割机上装配损失率、含杂率、破碎率在线监测装置。农机手根据在线监测装置提示的相关指标、曲线，适时调整作业速度、喂入量、留茬高度等作业参数。

第四节　大豆机收减损技术

农机手应选择与大豆种植行距、适宜收获方式对应的收割机并提前检查调试好机具，确定适宜收获期，严格按照大豆机收作业质量标准和操作规程，注意安全生产，减少收获环节损失，提高生产作业质量和效率。

一、作业前机具检查调试

开始作业前要保持机具良好工作状态，预防和减少作业故障，提高工作质量和效率。应做好以下检查准备工作。

(一) 机具检查

驾驶操作前要检查各操纵装置功能是否正常；检查离合器、制动踏板自由行程是否适当；检查发动机机油、冷却液是否适量；检查仪表板各指示是否正常；检查轮胎气压是否正常；检查传动链、张紧轮是否松动或损伤，运动是否灵活可靠；检查和调整各传动皮带的张紧度，防止作业时皮带打滑；检查重要部位螺栓、螺母有无松动；检查有无漏水、漏油现象；检查割台、机架等部件有无变形等，机械收割保证刀片锋利，人工收割刀要磨快，减少损失。备足备好田间作业常用工具、零配件、易损件及油料等，以便出现故障时能够及时排除。

（二）试割

正式开始作业前要选择有代表性的地块进行试割。试割作业行进长度以 50 米左右为宜，根据作物、田块的条件确定适合的作业速度，对照作业质量标准仔细检测试割效果（损失率、破碎率、含杂率，有无漏割、堵塞、跑漏等异常情况），并以此为依据对相应部件（如拨禾轮转速、拨禾轮位置、割刀频率、脱粒滚筒转速、脱粒间隙、导流板角度、作业速度、风机转速、风门开度、筛子开度、振动筛频率等）进行调整。调整后再进行试割并检测，直至达到质量标准和农户要求为止。作物品种、田块条件有变化时要重新试割和调试机具。试割过程中，应注意观察、倾听机器工作状况，发现异常及时解决。

二、确定适宜收获期

确定适宜收获期，防止过早或过晚收获对大豆的产量和品质产生不利影响，实现大豆丰产增收。

（一）机械联合收获期的确定

大豆机械收获的最佳收获期在黄熟期后至完熟期，此期间大豆籽粒含水率为 15%～25%，茎秆含水率为 45%～55%，豆叶全部脱落，豆粒归圆，摇动大豆植株会听到清脆响声。

（二）分段收获期的确定

大豆分段收获方式的最佳收获期为黄熟期，此时叶片脱落

70%~80%，籽粒开始变黄，少部分豆荚变成原色，个别仍呈现青绿色。

(三) 选择适宜作业时段

收割大豆应该选择早、晚时间段收割；避开露水时段，以免收获的大豆产生"泥花脸"；避开中午高温时段，以免炸荚造成损失。

三、减少机收环节损失的措施

作业前要实地查看作业田块、大豆品种、植株高度、植株倒伏情况、大豆产量等，调试好机具状态。作业过程中，严格执行作业质量要求，随时查看作业效果，发现损失变多等情况时要及时调整机具参数，使机具保持良好状态，保证收获作业低损、高效。

(一) 检查作业田块

检查去除田里木桩、石块等硬杂物，了解田块的泥脚情况，对可能造成陷车或倾翻、跌落的地方做出标识，以保证安全作业。对地块中的沟渠、田埂、通道等予以平整，并将地里水井、电杆拉线、树桩等不明显障碍进行标记。

(二) 选择合适的收获方式

东北春大豆及黄淮海夏大豆产区宜选择联合收获方式，南方大豆产区依据种植模式和天气情况，合理选择联合收获方式与分段收获方式。

1. 大豆联合收获

采用联合收割机直接收获大豆，首选专用大豆联合收割机，也可以选用多用联合收割机或借用小麦联合收割机，但一定要更换大豆收获专用的挠性割台。大豆机械化收获时，要求割茬高度一般在40~60毫米，要以不漏荚为原则，尽量放低割台。为防止炸荚损失，要保证割刀锋利，割刀间隙需符合要求，减少割台对豆枝的冲击和拉扯；适当调节拨禾轮的转速和高度，一般早期的豆枝含水率较高，拨禾轮转速可适当提高，晚期的豆枝含水率较低，拨禾轮转速需要相对降低，并对拨禾轮的轮板加橡皮等缓冲物，以减小拨禾轮对豆荚的冲击。在大豆收割机作业前，根据豆枝含水率、喂入量、破碎率、脱净率等情况，调整机器作业参数。一般调整脱粒滚筒转速为 500~700 转/分，脱粒间隙为 30~35 毫米。在收获时期，一天之内豆枝和籽粒含水率变化很大，同样应根据含水率和实际脱粒情况及时调整脱粒滚筒转速和脱粒间隙，降低脱粒破损率。要求割茬不留底荚、不丢枝，机收作业时按照《大豆联合收割机　作业质量》（NY/T 738—2020）标准执行，损失率≤5%，含杂率≤3%，破碎率≤5%，茎秆切碎长度合格率≥85%，收割后的田块应无漏收现象。

2. 大豆分段收获

大豆分段收获有收割早、损失小、炸荚少、豆粒破损少和"泥花脸"少等优点。割晒放铺要求连续不断空、厚薄一致、大豆铺底与机车前进方向呈30°，大豆铺放在垄台上，豆枝与豆枝之间相互搭接，以防拾禾掉枝，做到底荚割净、不漏割、捡净，减少损失。割后 5~10 天，籽粒含水率在 15% 以下，及时拾禾脱粒。要求综合损失不超过 3%，拾禾脱粒损失不超过 2%，收割损失不超过 1%。

（三）选择适用机型

1. 北方春大豆产区

北方春大豆产区主要采用大型大豆联合收割机或改装后的大型自走式稻麦联合收割机。

2. 黄淮海夏大豆产区

黄淮海夏大豆产区主要采用中型轮式大豆收割机或改装后的

小麦联合收割机。

3. 南方大豆产区

南方大豆产区主要采用小型履带式大豆联合收割机或改装后的水稻联合收割机。

4. 机具调整

改装后的稻麦联合收割机用于收割大豆，应注意适合于大豆收割的关键作业部件更换和作业参数调整。

（1）大豆专用割台。更换适合于大豆收割的挠性割台，并依据收获大豆植株高度调整拨禾轮前后位置、上下位置，依据收获大豆底荚高度调整割台高度使割刀离地高度50~100毫米。

（2）脱粒分离系统。更换适合于大豆收获作业的脱粒分离系统，中小型联合收割机建议采用闭式弓齿脱粒滚筒，大型联合收割机建议采用纹杆块+分离齿式复合脱粒滚筒，凹板筛建议采用圆孔凹板筛，脱粒滚筒与凹板筛在结构、尺寸上应做到匹配，确保脱粒间隙在300~350毫米。

（3）清选系统。中小型联合收割机可采用常规鱼鳞筛，以调整风机转速、鱼鳞筛开度等清选作业参数为主，有条件的可改装导风板结构，增加风道数量至3个；大型联合收割机建议使用加长鱼鳞筛，有条件的可在筛面安装逐稿轮。

（4）籽粒输送系统。更换适合于大豆低破碎的输送系统，升运器建议采用勺链式升运器，复脱搅龙建议采用尼龙材质搅龙。

（四）正确开出割道

作业前必须将要收割的地块四角进行人工收割，按照机车的前进方向割出一个机位。然后，参照前水稻收获机开割道的方法开割道。

（五）选择行走路线

大豆联合收获机作业行走最常用四边收割法、纵向两边收割法和分块收割法 3 种，参照前水稻联合收获机行走作业路线。

（六）选择作业速度

作业过程中应尽量保持发动机在额定转速下运转，机器直线行走，避免边割边转弯，以防压倒部分大豆造成漏割，增加损失。地头作业转弯时，不要松油门，也不可速度过快，防止清选筛面上的大豆甩向一侧造成清选损失，保证收获质量。若田间杂草太多，应考虑放慢收割机前进速度，减少喂入量，防止出现堵塞和大豆含杂率过高等情况。

（七）收割潮湿大豆

在季节性抢收时，如遇到潮湿大豆较多的情况，应经常检查凹板筛、清选筛是否堵塞，注意及时清理。有露水时，要等到露水消退后再进行作业。

（八）收割倒伏大豆

收获倒伏大豆时，可通过安装扶倒器和防倒伏弹齿装置，尽量减少倒伏大豆收获损失。收割倒伏大豆时应先放慢作业速度，原则上倒伏角<45°时顺向作业；倒伏角为 45°～60°时逆向作业；在倒伏角>60°时，要尽量降低收割速度。

（九）规范作业操作

作业时应根据大豆品种、高度、产量、成熟程度及秸秆含水率等情况来选择作业挡位，用作业速度、割茬高度及割幅宽度来调整喂入量，使机器在额定负荷下工作，尽量降低夹带损失，避免发生堵塞故障。收割采用"对行尽量满幅"原则，作业时不要"贪宽"，收割机的分禾器位置应位于行与行之间，避免收割机的行走造成大豆的抛撒损失。采用履带式收割机作业的时候，要针对不同湿度的田块对履带张紧度进行调整，泥泞地块适当调紧一些，干燥地块适当调松，以提高机具通过能力、减少履带磨损。要经常检查凹板筛和清选筛的筛面，防止被泥土或潮湿物堵死造成粮食损失，如有堵塞要及时清理。

（十）在线监测

有条件的可以在收割机上装配损失率、含杂率、破碎率在线监测装置，农机手根据在线监测装置提示的相关指标、曲线，适时调整行走速度、喂入量、留茬高度等作业参数，以保持低损失率、低含杂率、低破碎率的良好作业状态。

第五节　油菜机收减损技术

油菜机械化收获减少损失、提高清洁度的关键在于：一是正确把握适收期，在最佳的时机收获；二是调整好收获机，在机具最佳状态下高质高效作业；三是及时烘干，减少霉变。

一、作业前机具检查调试

开始作业前要保持机具良好工作状态，预防和减少作业故障，提高工作质量和效率。应做好以下检查准备工作。

（一）机具检查

驾驶操作前要检查各操纵装置功能是否正常；检查离合器、制动踏板自由行程是否适当；检查发动机机油、冷却液是否适量；检查仪表板各指示是否正常；检查轮胎气压是否正常；检查传动链、张紧轮是否松动或损伤，运动是否灵活可靠；检查和调整各传动皮带的张紧度，防止作业时皮带打滑；检查重要部位螺栓、螺母有无松动；检查有无漏水、漏油现象；检查割台、机架等部件有无变形等，割刀是否锋利；检查脱粒部件是否有磨损、变形；如需对秸秆进行粉碎还田，需配置秸秆切碎装置，并确保切碎刀片锋利；检查机具籽粒输送部位的间隙，避免漏籽粒。备足备好田间作业常用工具、零配件、易损件及油料等，以便出现故障时能够及时排除。

南方稻油轮作田间开有纵、横向排水降渍沟，不便于轮式机作业，应选择适宜田块大小和种植规模的履带式收割机械。要针对不同湿度的田块对履带张紧度进行调整，泥泞地块适当调紧一些，干燥地块适当调松，以提高机具通过能力、减少履带磨损。

（二）试割

正式开始作业前要选择有代表性的地块进行试割。试割作业行进长度以 50 米左右为宜，对照作业质量标准仔细检查试割效果，包括损失率、含杂率、破碎率，有无漏割、堵塞、跑漏等异常情况，并以此为依据对作业速度和相应部件进行调整，如拨禾轮转速、拨禾轮位置、割刀频率、割刀间隙、脱粒滚筒转速、凹板筛脱粒间隙、导流板角度、风机转速、调风板开度、筛子开度、振动筛频率等。

1. 拨禾轮

拨禾轮的转速应根据作业速度适当调整，以拨禾轮对油菜植株有轻微向后拨的动作为宜，拨禾轮转速不要过快，以减少对油菜角果的撞击次数；拨禾轮前后位置要调到最后，形成最大收割张角；拨禾轮高低位置要根据油菜的长势合理调整；应将拨禾轮上的弹齿去掉，以减少对油菜角果的撞击。

2. 脱粒滚筒

应根据油菜成熟情况和脱粒效果合理调整脱粒滚筒转速和凹板筛脱粒间隙，当成熟度较高或高温天气时，可降低脱粒滚筒转速和调大凹板筛脱粒间隙，在保证脱净率的前提下减少油菜籽破碎率，同时可以降低清选筛负荷，保证最佳的收获状态。

3. 清选风机

通过调整进风口调节板或风机转速合理调整清选风机风量，以保证清洁度和降低损失率。茎秆潮湿时风量应调大，干燥时应适当调小，风向应调至清选筛的中前方。

4. 清选筛

合理调整清选筛上筛、尾筛和下筛筛片开度以减少损失率。清选上筛在保证清洁度（茎秆、角果壳尽量少）的前提下开度尽量调大，以降低损失，但筛片开角一般不大于35°。对于籽粒含水率较高（20%以上）的情况，尾筛的开度应适当调大，使部分未脱净的青荚进入杂余升运器进行再次脱粒；对于完熟期且油菜角果比较干燥的情况，尾筛应适当调小，以减小杂余量，降低筛面负荷。下筛的开度应调小以保证油菜籽的清洁度。

上述部件调整后再进行试割并检查，直至达到质量标准和农户要求为止。作物品种、田块条件有变化时要重新试割和调试机具。试割过程中，应注意观察机器工作状况、倾听机器工作声音，发现异常及时解决。

二、确定适宜收获期

确定适宜收获期，防止过早或过晚收获对油菜的产量和品质产生不利影响，确保油菜丰产增收。油菜收获期要密切关注天气变化，并根据收获期天气特点选择适宜的油菜收获方式，尽可能避免或减少降水天气的作业时间。

（一）联合收获期的确定

油菜联合收获时，过早收获会产生脱粒不净、青籽多、油菜籽产量降低和含油率降低等问题；过晚收获容易造成裂角落粒、割台损失率增加等问题。最佳收获期在黄熟期后至完熟期，判断的标准是，全田90%以上的油菜角果变成黄色和褐色、籽粒含水率降低到25%以下、主分枝向上收拢，此后的3~5天即为最适宜收获期，应集中力量在此期间完成收获。

（二）分段收获期的确定

油菜分段收获时，也要做到适时收割和及时捡拾脱粒，过早过晚都会造成减产。分段收获的最佳收获期为黄熟期，判断标准是，全田80%左右的油菜角果颜色开始变黄，此后5~7天都可进行油菜割晒作业。将割倒的油菜就地晾晒5~7天后（遇降水可适当延长晾晒时间），籽粒变成黑色或褐色，籽粒和茎秆含水率显著下降，一般籽粒含水率下降到15%以下时进行捡拾脱粒作业。

（三）选择适宜作业时段

油菜角果易爆裂落粒，在收割期间，要抓住早晨空气湿度较高、油菜角果潮润、角口紧闭不易爆裂、落粒少的有利时机，集中力量突击收割，以减少裂角损失。做到"三割"：早晨带露水割、阴天割、傍晚割。"三不割"：露水干后不割、中午高温不割、下雨天不割。

三、减少机收环节损失的措施

作业前要实地查看田块情况、油菜品种、植株高度、倒伏情况、油菜籽产量等，做好田块准备，选择合适收获方式和机具，调试好机具状态。作业过程中，严格执行作业质量要求，随时查看作业效果，发现损失变多等情况时要及时调整机具参数，使机具保持良好状态，保证收获作业低损、高效。

（一）检查作业田块

检查去除田里木桩、石块等硬杂物，了解田块的泥脚情况，对可能造成陷车或倾翻、跌落的地方做出标识，以保证安全作业。对地块中的沟渠、田埂、通道等予以平整，并将地里水井、电杆拉线、树桩等不明显障碍进行标记。

（二）选择合适的收获方式和机具

油菜收获方式分为联合收获和分段收获两种方式。根据油菜种植方式、气候条件、种植规模、田块大小等因素因地制宜选择适宜的收获方式和机具。

1. 联合收获

油菜联合收获具有便捷、灵活、作业效率高的特点，适用于成熟度一致、植株高度适中、倒伏少、裂角少的油菜品种，但相对来说损失率高。对于小规模、小田块直播油菜或株型适中的移栽油菜，在适宜的收获时机，可以获得较好的收获效果。

联合收获首选油菜籽联合收获机，也可用谷物联合收割机加装强制分禾装置（侧竖割刀）、加长割台（加长300毫米左右）、调整脱粒滚筒转速、调整凹板筛脱粒间隙、调整清选风机风量、更换清选上筛、调整清选筛片开度等进行改制。油菜收获时，要求割茬高度一般在100~300毫米，白菜型油菜的割茬高度一般在100~150毫米，甘蓝型油菜的割茬高度一般在200~300毫米。联合收获作业质量要达到总损失率≤8%、含杂率≤6%、破碎率≤0.5%，收割后的田块应无漏收现象。

2. 分段收获

油菜分段收获的特点是对品种及其机械化特性要求低、适应性好、适收期长、损失率低、收获无青籽，但两次作业拉长收获过程，增加直接作业成本。对于规模化种植且田块较大的油菜，以及植株高大、高产的移栽油菜，宜采用分段收获方式。收获期多雨或有极端天气的地区，采用分段收获安全性高。

油菜分段收获时，先用油菜割晒机进行割倒并有序铺放，要求割晒铺放连续不断空、厚薄一致、有序铺放在割茬之上、无漏割。割后4~7天，油菜后熟基本完成并干燥后，选用装有油菜捡拾台的联合收获机及时进行捡拾脱粒作业，作业前应按油菜籽收获要求调整脱粒滚筒转速、调整凹板筛脱粒间隙、调整清选风机风量、更换清选上筛、调整清选筛片开度等；也可人工集中喂入油菜脱粒机或油菜籽收获机进行脱粒。油菜分段收获作业质量要达到总损失率≤6.5%、含杂率≤5%、破碎率≤0.5%。

（三）正确开出割道

作业前必须将要收割的地块四角进行人工收割，按照机车的前进方向割出一个机位。参照水稻联合收获机机收开割道的方法开割道。

（四）选择行走路线

油菜联合收获机作业行走路线参照水稻联合收获机作业行走路线。

（五）选择作业速度

机具作业速度不能过快，只能选择中挡或低挡速度，严禁使用行走挡作业。先放慢作业速度，少量依次作业，保持最大油门，逐步达到试割时的作业速度。尽量保持机器直线行走，避免边割边转弯压倒部分油菜造成漏割，增加损失。

（六）收割倒伏油菜

收割倒伏油菜时，应降低割台高度，将拨禾轮位置前移，安装扶倒器和防倒伏弹齿装置，逆向或侧向作业并且降低作业速度，尽量减少漏割损失。

（七）规范作业操作

油菜籽收割机应由专业人员或经过专业培训的熟练农机手进行操作，熟练掌握机具跨越障碍物、转弯、收割、行走、卸粮的操作要领，并按说明书安全操作规程正确操作，及时进行保养和调整。在作业中农机手要定期检查机具运转情况和割茬高度、收割损失、清洁度和破碎率等作业质量；熟练利用作业速度、割茬高度及割幅宽度来调整喂入量，使机器在额定负荷下工作，尽量降低夹带损失；经常检查和清理凹板筛和清选筛的筛面，防止筛面阻塞造成清选损失；机收过程中，若发现割刀刀片损坏或刀片间隙过大，应及时更换刀片或调整刀片间隙，以防造成成条漏割，增加损失。

(八) 在线监测

有条件的可以在收割机上装配损失率、含杂率、破碎率在线监测装置，农机手根据在线监测装置提示的相关指标、曲线，适时调整作业速度、喂入量、留茬高度等作业参数。

(九) 油菜籽处理及保存

联合收获后的油菜籽含水率高，极易发生霉变，应采用烘干机及时烘干，没有条件的地区应及时晾晒，以防霉变。分段收获的油菜籽含水率普遍比联合收获的低，对于田间晾晒充分、油菜籽含水率低于10%的，可以不再烘干和晾晒，否则应及时烘干或晾晒。遵循就近原则提前联系社会化服务组织，统筹安排，做到随收随烘。

含水率在10%以下的菜籽，可堆2米高存放到高温多雨季节来临前，存放期1个月左右；含水率在10%~13%的，矮堆或包装存放，只能保存1~3周。若长期存放，应将含水率降至8%以下。

参考文献

毕文平，师勇力，马建明，2018. 农业机械维修员［M］. 北京：中国农业科学技术出版社.

国家职业资格培训鉴定试验基地，天津市全华时代职业培训学校，2015. 无人机操控师［M］. 北京：中国劳动社会保障出版社.

郝建军，2013. 农机具使用与维修技术［M］. 北京：北京理工大学出版社.

李慧，张双侠，2018. 农业机械使用维护技术：大田种植业部分［M］. 北京：中国农业大学出版社.

农业农村部农业机械化管理司，农业农村部农业机械试验鉴定总站，农业农村部农业机械化技术开发推广总站，2020. 农业机械化管理工作读本［M］. 北京：中国农业大学出版社.

冉文清，师勇力，范官友，2016. 新型农机驾驶员培训读本［M］. 北京：中国农业科学技术出版社.

冉文清，张英，赵礼才，2015. 新型职业农民农机操作手［M］. 北京：中国农业科学技术出版社.

行学敏，2014. 联合收割机安全使用读本［M］. 北京：中国农业科学技术出版社.